全图解

果树整形修剪与栽培管理大全

高文胜　李林光　主编

U0380829

中国农业出版社

北　京

图书在版编目（CIP）数据

全图解果树整形修剪与栽培管理大全/高文胜，李林光主编. —北京：中国农业出版社，2021.11（2025.5重印）
ISBN 978-7-109-28925-3

Ⅰ.①全… Ⅱ.①高…②李… Ⅲ.①果树-修剪-图解②果树园艺-图解 Ⅳ.①S66-64

中国版本图书馆CIP数据核字（2021）第237645号

中国农业出版社出版

地址：北京市朝阳区麦子店街18号楼
邮编：100125
责任编辑：黄　宇　杨金妹
版式设计：杜　然　　责任校对：沙凯霖　　责任印制：王　宏
印刷：北京缤索印刷有限公司
版次：2021年11月第1版
印次：2025年5月北京第11次印刷
发行：新华书店北京发行所
开本：700mm×1000mm　1/16
印张：11.75
字数：210千字
定价：69.00元

主　　编　高文胜　李林光

编写人员（按姓氏笔画排序）

于　翠　王玉霞　王海波　王超萍　艾呈祥

厉　力　卢景生　仝　铸　李　勃　李　贺

李芳东　李秀杰　李林光　李国田　李国栋

李明丽　张　明　张　勇　张　琼　张美勇

周　蕾　周广芳　郑亚琴　赵小宁　郝兆祥

侯乐峰　秦　旭　高　群　高文胜　管恩桦

前　言

　　随着国家乡村振兴战略的实施，现代果业发展的紧迫性和必要性摆在了我们面前。如何更好地应用新品种、新技术、新模式，充分发挥现代果业在乡村振兴战略实施中的重要作用，并有力推动农业（果业）供给侧结构性改革和新旧动能转换，实现果业产业转型升级提质增效，已成为广大果业从事者的必然选择。适应于这一要求，我们组织编写了《全图解果树整形修剪与栽培管理大全》一书。

　　全书以提质增效、转型升级、绿色发展为主线，突出果业生产发展的新理念、新成果、新技术与传统经验和常规技术的有机结合，以全图解介绍整形修剪、栽培、病虫害防治等关键技术。全书分为16章，分别介绍了苹果、柑橘、梨、葡萄、桃、大樱桃、草莓、石榴等16种果树，每章包含概述、品种选择、栽植、土肥水管理、树形培养和整形修剪、花果管理和病虫害防治等内容，部分章节还包含设施果树、庭院果树和盆栽果树等内容。本书内容新颖，重点突出，技术先进，科学实用，浅显易懂，适合从事果业生产的科技人员、广大果农等参考使用，也供相关院校师生阅读参考。

　　本书主要由以下专业技术人员参与编写：山东省农业技术推广中心高文胜、李明丽和李国栋；山东省果树研究所李林光、周广芳、张勇、李国田、张美勇、艾呈祥、王海波和张琼；山东省葡萄研究院李勃、李秀杰和王超萍；沈阳农业大学李贺；湖北省农业科学院经济作物研究所于翠，果树茶叶研究所仝铸；临沂大学郑亚琴；山东农业工程学院秦旭；山东开放大学高群；烟台市农业科学研究院李芳东、王玉霞；临沂市农业技术推广中心管恩桦；聊城市农业科学研究院张明；枣庄市石榴研究中心郝兆祥、侯乐峰；临沂市农业科学院周蕾；寿光市蔬菜产业发展中心赵小宁；蒙阴县农业农村局厉力；山东葵丘实业有限公司卢景生。最后由高文胜研究员和李林光研究员进行了统稿。

本书部分成果是山东省高效生态农业创新类泰山产业领军人才项目——"黄河滩区果品提质增效关键技术研究与示范应用"和山东省重点研发计划（重大科技创新工程）项目——"菜田与果园土壤修复成套技术研究与示范（项目编号：2021CXGC010802）"的部分研究内容。

在编写过程中，借鉴了多位同行的文章和书籍，在此一并表示感谢！由于篇幅原因未能一一列出的参考文献，请相关作者见谅！

感谢中国农业出版社编辑老师的辛勤劳动，使本书得以顺利出版！

由于水平和时间所限，书中多有缺点和不足之处，敬请广大读者批评指正！

编　者

2021 年 11 月

目　录

第一章　苹果

第二章　柑橘

第三章　梨

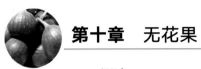

第十章　无花果

第十一章　果桑

第十二章　猕猴桃

第十三章 李

第十四章 柿

第十五章 枣

第十六章　核桃

第一章

苹　果

一、概述

　　苹果是落叶乔木，通常生长旺盛，树冠较大，一般栽培条件下树高3～5米。喜光，喜冷凉气候，喜微酸性到中性土壤（pH 5.5～7），最适于土层深厚、富含有机质、通气排水良好的沙质壤土。一般满足年均温8～14℃，无霜期170天以上，年降水量500毫米以上，土层深度在0.6米以上，地下水位在1米以下的区域均可栽植。

　　苹果枝干与根系生长均有顶端优势，有较强的极性。芽分叶芽与花芽。叶芽萌发抽生新梢，发育为营养枝。花芽为混合芽，按着生部位分为顶花芽和腋花芽，萌发为结果枝。花芽分化通常从6月上旬开始至落叶期完成，分为生理分化、形态分化和性细胞成熟三个时期。苹果花序为伞房花序，每花序5～6朵花，中心花先开，边花后开，以中心花的质量最好，坐果稳，结果大。绝大多数苹果品种自花结实能力差，栽植时必须配置授粉树。果实在发育中期到成熟之前体积膨大较快，成熟前一个月果实重量增加最快。按果实发育期长短，将苹果品种分为早熟（<120天），中早熟（120～150天），中熟（150～180天），晚熟（>180天）。果实品质形成受光合产物的积累转化、矿质营养的协调、环境条件及激素种类、含量、比例等因素影响。果实发育后期控施氮肥，增施钾肥，改善通风透光条件，提高日光照射度，降低空气湿度，喷施萘乙酸和2,4-滴等，都可促进苹果上色。

　　苹果是产量较高的果树树种之一，且在生命周期中经济寿命较长。在我国苹果生产优势区，苹果单产已达到2～3.3吨/亩[*]。通常栽后2～3年开始结果，经济寿命一般乔化栽培树可持续20～30年，矮化栽培树可持续15～25年，立地条件差、管理粗放果园经济寿命较短，反之较长。

---

　　* 亩为非法定计量单位，1亩＝1/15公顷≈667米^2。——编者注

二、品种选择

苹果主要栽培品种见表1-1及图1-1至图1-4。

表1-1　苹果主栽品种

品种	果实特征	果实发育期	抗逆性	适栽区域	备注
美国8号	中大型果，圆形或短圆锥形，果面光洁，成熟果实全面着鲜红色、艳丽，有蜡质，果肉黄白，肉质松脆多汁，风味酸甜	120天左右	适应性广，抗轮纹病、炭疽叶枯病	苹果适生区均可栽植，推荐黄河故道地区、鲁中南、黄土高原南麓等物候期较早区域	易成花、丰产。果点稍大
鲁丽	中大型果，果实圆锥形，高桩，无袋栽培下成熟果实全面着鲜红色，果面光滑，果点小，果肉淡黄色，肉质细、硬脆、汁液多，甜酸适口，香气浓。长期贮藏不变面	110天左右	适应性广，抗轮纹病、炭疽叶枯病	苹果适生区均可栽植，特别适于黄河故道地区、鲁中南、鲁西、黄土高原南麓等夏季高温且一般品种着色不良区域	幼树期即极易形成腋花芽，早果、丰产性强。需加强疏花疏果，提高优质果率
华硕	大型果，果实近圆形，果面着鲜红色，蜡质多，有光泽，肉质松脆多汁，酸甜适口	110天左右	抗炭疽叶枯病	苹果适生区均可栽植，特别适于云南、贵州、四川等西南高海拔产区	内陆夏季高温区着色不佳，果肉稍粗
嘎拉系（烟嘎、太平洋嘎拉、红盖露、泰山嘎拉、新嘎拉、丽嘎拉等）	中型果，果实近圆形或圆锥形，成熟果实果皮底色黄，有深红色条纹，果肉乳黄色，肉质松脆、酸甜，有香气，品质极上	120天左右	适应性广，高感炭疽叶枯病	苹果适生区均可栽植。适于高海拔、近海冷凉产区	内陆夏季高温区着色不佳
元帅系（第三代如新红星、好矮生、矮红、顶红等，第四代如俄勒冈、康拜尔首红、魁红等，第五代如瓦里短枝等）	大型果，果实圆锥形，果顶五棱明显，全面着深红色，果点小，蜡质多，果皮厚、韧，肉质细、汁多，风味甜，香气浓	150天左右	适应性广，抗炭疽叶枯病	苹果适生区均可栽植	有采前落果，易变面

（续）

品种	果实特征	果实发育期	抗逆性	适栽区域	备注
金冠	中大型果，果实圆锥形，果皮金黄色，光滑，果点小、稀，质地致密酥脆、汁多，酸甜适口，香气浓	150天左右	适应性广，感炭疽病叶枯病	苹果适生区均可栽植	果面易生果锈
乔纳金	大型果，圆形至圆锥形，成熟时被有橘黄色或红紫色短条纹，果皮较厚，蜡质多，果皮较薄，果肉乳黄色，肉质稍粗、汁中多，风味甜，香气浓	150天左右	适应性广，感炭疽病叶枯病	苹果适生区均可栽植	有采前落果现象，贮藏后易"返糖"，果面油腻化
秦脆	大型果，圆形至圆锥形，成熟时果面着全面条红、艳丽，果皮中厚，有蜡质，果肉极脆而多汁，风味酸甜，香气浓	170天左右	适应性广，抗逆性强	苹果适生区均可栽植	抗旱性较强
瑞阳	大型果，成熟果实全面着鲜红色，圆至圆锥形，果点小，果肉乳白色，肉质松脆、汁液多，风味甜，具香气，耐贮藏	175天左右	适应性广，抗逆性强	苹果适生区均可栽植	
瑞雪	大型果，成熟果实淡黄色，圆至圆锥形，果点小，果肉乳白色，肉质细脆、汁液多，风味甜，耐贮藏	180天左右	适应性广，抗逆性强	苹果适生区均可栽植	
富士系（烟富3号、烟富6号、烟富8号、烟富10号、龙富、美乐富士、2001富士、富士冠军、宫崎短枝等）	大型果，色泽浓红，圆至近长圆形，果面光洁，果肉黄，肉质致密硬脆、汁液多，风味甜，品质优。耐贮运	180天左右	适应性广，感轮纹病	苹果适生区均可栽植	存在"大小年"现象，短枝型品种是未来的发展方向
维纳斯黄金	大型果，长圆形，成熟果实淡黄色，甜味浓，有香气，果肉硬、果汁多，品质好	180天左右	适应性较强	苹果适生区均可栽植	内陆区域栽植易生果锈，贮藏期不宜过长

图1-1 鲁丽（山东蒙阴）

图1-2 华硕（云南昭通）

图1-3 秦脆（陕西洛川）

图1-4 瑞雪（陕西白水）

三、栽植

（一）栽植时期

苹果一般应在休眠期栽植，在秋末冬初栽植或春季栽植。

1.秋栽 苗木从落叶后到土壤封冻前栽植。此时土壤温度和墒情较好，栽后根系伤口愈合快，栽植成活率高，缓苗期短，萌芽早，生长快。华北地区秋栽可在10月上、中旬开始，栽后根系能得到一定的恢复，翌年春季萌芽早、生长旺、不缓苗。

2.春栽 在土壤解冻后、苗木萌芽前进行。冬季干旱、寒冷地区要进行春栽。与秋栽苗相比，缓苗期长、萌芽迟、生长慢。冬季寒冷易抽条地区多采用春栽。

（二）栽植前的准备

1.全园深耕 耕土深度40厘米以上。

2.起垄开沟 机械起垄和拌肥，一般垄高20厘米左右。垄上机械开沟，深20厘米左右，施入有机肥，按腐熟有机肥5～10千克/株施肥，尽量少用或不用化学肥料，施肥后拌匀。

3.灌足底水 沟内灌足底水。

（三）栽植方法

（1）将苗木放进挖好的栽植沟内，使根系均匀舒展，校正栽植的位置，使株行之间尽可能整齐对正，并使苗木主干保持垂直，向上培土。

（2）培土应高于垄面5～10厘米，且根颈应高于培土面5厘米，以保证松土踏实下陷后，根颈仍高于地面。最后在树行两侧垄沿筑土埂，并立即灌水沉实（图1-5）。

（四）栽后管理

（1）浇透水，干旱地区要覆膜或盖草，保墒并提高低温，以提高成活率。及时扶正歪苗。

（2）立即定干，根据整形要求，定干高度75～80厘米，选择顶端最饱满芽剪截（图1-6）。

（3）及时除萌，减少养分损失。抹除同一节位上角度不适宜的、多余的萌芽和70厘米以下的萌芽。

（4）追肥灌水，成活展叶后，干旱时要浇水。6月下旬至7月上旬要追肥3～4次，前期以氮肥为主，可追施尿素、磷酸二铵，后期以果树专用复合肥为主，按每株树0.1～0.15千克计算施肥量。8-9月通过控制浇水、摘心等措施控制旺长，提高抗性，提高幼树越冬成活率（图1-7）。

图1-5 起垄、开沟、灌水　图1-6 栽植、定干、覆盖　图1-7 成活、生长

四、土肥水管理

目前果园采用的土肥水管理措施主要包括土壤深翻、果园覆盖、果园生草、穴贮肥水和水肥一体化等。

（一）土壤深翻熟化

土壤深翻一般在果实采收后至休眠前结合秋施基肥进行，深度以40～60厘米为宜。回填时，施入杂草、秸秆与心土混合填在下层，表土与有机肥混匀，填在20～40厘米根系主要分布层。回填后紧接着灌透水沉实。深翻时不要伤及直径1厘米以上的粗根，尽量保持根系完整。

（二）果园覆盖

1.覆膜（或地布） 一般在春季（3-4）月进行，覆膜前先浇一遍水，施入适量化肥，然后盖上地膜（以黑色效果最佳）。可顺行覆盖或只在树盘下覆盖（图1-8）。

2.果园覆草 四季均可进行，以5月为好，通常麦秸、麦糠、杂草、作物秸秆等均可用于果园覆草。果园覆草的数量，局部覆草每亩1 000～1 500千克，全园覆草每亩2 000～2 500千克。覆草前结合深翻或深锄浇水，施氮肥0.2～0.5千克/株。覆草厚度为20厘米。覆盖物要经过雨季初步腐烂后再用；覆草后不少害虫栖息草中，应注意向草上喷药；秋季应清理树下的落叶和病枝，防止早期落叶病、炭疽病及潜叶蛾等发生（图1-9）。

图1-8　覆盖地布　　　　　　　　　图1-9　行内覆草

（三）果园生草

生草方式有人工种草和自然生草两种。人工种草是在果树行间种植长毛野豌豆、鼠毛草、黑麦草、苜蓿等。自然生草是在果树行间保留自然生长的一二年生杂草，清除多年生杂草、恶性草及根系很深的草等，注意将树冠滴水线以内的杂草除掉。果园生草后，要及时控制草的长势，当草的高度超过20厘米时，适时进行刈割，刈割下来的草就地撒开或覆在树盘内。割草后，每亩撒施氮肥约5千克，补充土壤表面含氮量，为微生物提供分解覆草所需的氮元素。微生物分解有机物变成腐殖质，腐殖质能改变土壤环境，养根壮树（图1-10）。

图1-10 果园生草

（四）穴贮肥水

穴贮肥水技术简单易行，一般可节肥30%、节水70%～90%，是干旱果园重要的抗旱、保水技术。3月上、中旬整好树盘后，将作物秸秆或杂草捆成直径15～25厘米、长30～35厘米的草把，放在水中或5%～10%的尿素溶液中浸透。在树冠投影边缘向内50厘米处挖深40厘米、直径比草把稍大的贮养穴，依树冠大小确定贮养穴数量。冠径3.5～4米，挖4个穴；冠径6米，挖6～8个穴。将草把立于穴中央，周围用混加有机肥的土填埋踩实（每穴5千克土杂肥，混加0.15千克过磷酸钙、0.05～0.1千克尿素或复合肥），并适量浇水，然后整理树盘，使营养穴低于地面1～2厘米，形成盘子状，每穴浇水3～5千克即可覆膜。在地膜中央正对草把上端穿一小孔，用石块或土堵住，以便将来追肥浇水。一般在花后、新梢停止生长期和采收前后3个时期，每穴追肥0.05～0.1千克尿素或复合肥，将肥料放于草把顶端，随即浇水3～5千克。进入雨季即可将地膜撤除，使穴内贮存雨水。一般贮养穴可维持2～3年，草把应每年一换，发现地膜损坏后应及时更换，再次设置贮养穴时改换位置，逐渐实现全园改良。

（五）水肥一体化

1. 灌溉量 依据当地水源充沛情况、土壤墒情和树龄、结果情况确定灌溉量。一般年灌溉量每亩50～90米^3，水质一般应符合无公害农业用灌溉水质标准，pH以中性或微酸性为宜。果树生长前期田间持水量维持在60%～70%，后期维持在70%～80%。

2. 肥料施用量 一般果园全年追肥量平均每生产100千克果实需追纯氮（N）0.6～0.8千克、磷（P_2O_5）0.3～0.5千克、钾（K_2O）0.9～1.2千克。一般灌溉水中养分浓度含量为维持在纯氮（N）110～140毫克/升、磷（P_2O_5）

40～60毫克/升、钾（K$_2$O）130～200毫克/升、钙（CaO）120～140毫克/升、镁（MgO）50～60毫克/升。

3.施肥灌溉施用时期及频率

（1）花前肥在3月下旬至4月初进行，以萌芽后到开花前施肥最好，以氮为主，磷、钾为辅，施完全年1/2以上的氮肥用量。

（2）坐果肥。在5月下旬至6月上旬果树春梢停长后进行，促进花芽分化，以磷、氮、钾均匀施入，此期的氮肥用量可根据新梢的生长情况来确定，新梢长度在30～45厘米可正常施氮肥，新梢长度不足30厘米则要加大氮肥的施肥量，新梢长度大于50厘米，则要减少氮肥的施用量。

（3）果实膨大肥。一般在7月下旬至8月下旬，以钾肥为主，氮、磷为辅。

（4）基肥。对于没有农家肥的果园，基肥也可以采用简易水肥一体化施肥方法进行施肥。一般在果树秋梢停长以后进行第一次施肥，间隔20～30天再施一次。

年灌溉施肥次数依据不同施肥模式而定，一般年施6～15次，以少量多次为好。灌溉施肥首先选用清水湿润，然后肥水灌溉，最后用清水清洗灌溉系统。滴灌系统须配备过滤器，过滤密度以120目或140目为宜（图1-11至图1-14）。

图1-11　水肥一体化智能控制系统

图1-12　贮水（肥）罐

图1-13　地表式滴灌管

图1-14　悬挂式滴灌管

8

五、树形培养和整形修剪

采用现代矮砧栽培模式，高细纺锤形树形整形，实现光能高效利用和树体省力化修剪管理。

（一）树体特点

高细纺锤形树体干高80～90厘米，主枝拉枝角度110°～120°，树高≤3.5米，主干着生30个左右分枝，结果枝直接着生在分枝上，分枝与着生部位中心干粗度比≤0.3。平均冠幅1.6～2米。成龄树每株冬剪留枝量800条左右，长、中、短枝比例1.5：1.5：7。适合密度为每亩100～180株的果园。

（二）整形修剪要点

1. 第一年　如选用3年生大苗，定植时尽可能少修剪，为定干或轻打头，仅去除直径超过主干干径1/4的大侧枝，但缺枝位置要刻芽促枝。如果用2年生的苗木，在饱满芽处定干。萌芽后严格控制侧枝生长势，一般侧枝长度达到25～30厘米时使用牙签或开角器拉开基角，角度90°～110°（图1-15）。秋季再次拉大分枝腰角和梢角，确保中心干健壮生长，树高应达到2～2.5米（图1-16、图1-17）。

图1-15　第一年牙签开角　　　图1-16　第一年夏季修剪　　　图1-17　第一年冬季修剪

2. 第二年　第二年春，在中心干分枝不足处进行刻芽或涂抹药剂促发分枝，留桩疏除第一年控制不当形成的过粗分枝（粗度大于同部位干径1/4的分枝）。在展叶初期，对保留枝条长超过80厘米者，从离主干7～8

厘米起，每隔20厘米进行多道环切，并摘除顶芽和从基部对枝条狠狠地转一下。生长季整形修剪同第一年，不留果，使树高达到2.8～3.3米（图1-18）。

3.第三年及以后　第三年修剪基本与第二年相同，严格控制中心干近枝头（上部50厘米）留果，尤其是对于部分腋花芽，可以疏花并利用果台枝培养优良分枝。一般产量低于300千克/亩的，建议不留果（图1-19）。

第四年开始，树高达到3米以上，分枝30～50个，树体整形基本完成，果树进入初果期。7～8年生进入盛果期，亩产量控制在3 000～4 000千克（图1-20）。

图1-18　第二年秋季拉枝　　图1-19　第三年冬季修剪　　图1-20　第四年结果状

4.更新修剪　随树龄增长，适时去除主干上部过长过粗的大枝，尽量不回缩，及时疏除顶部竞争枝。为了保证枝条更新，去除主干中下部大枝时应抬剪留桩，促发出水平生长的中庸更新枝，培养细长下垂结果枝。

六、花果管理

由于劳动力短缺，人工成本上升，提倡省力化花果管理技术，如壁蜂授粉、化学疏花疏果、不套袋技术等。

（一）壁蜂授粉

壁蜂的释放时间应根据树种和花期的不同而定。苹果树一般于中心花开放3%～5%时开始放蜂。将蜂茧从冷库或冰箱内取出放入果园，应放置于无遮挡的位置，蜂箱口朝阳，蜂箱应高出地面20厘米左右。在蜂箱口前1米处挖一小土坑，铺上塑料纸再加土，向坑内加水，做成泥浆；或用盆把泥浆准备好，为壁蜂建巢室提供湿泥，以确保授粉和繁蜂。放置后第二天即出蜂，壁蜂开始觅食传粉，雌蜂将采集的花粉、花蜜运回选定的蜂室繁蜂（图1-21）。蜂箱一旦放置不宜移动，防止壁蜂不进入蜂箱。放蜂期10～12天。

（二）疏花疏果

推荐采用花期喷水物理疏花，结合幼果期化学疏果的省力化技术。物理疏花，即在中心花和第二朵花完成授粉后，随即喷水，时间20分钟。化学疏果，即分别在中心果和第二个果实直径达到0.8厘米和1.2厘米时，各喷1次2.0～2.5克/升甲萘威进行疏果，最后每隔15～20厘米人工留单果，疏除过多果实（图1-22）。

（三）不套袋技术

通过种植易着色品种，辅以高光效树形、反光膜、摘叶、转果等促进果实着色措施，以及无袋栽培中的梨小食心虫、桃小食心虫、棉铃虫、轮纹病、炭疽病等果实病虫害绿色高效防治技术，替代传统套袋技术（图1-23）。

图1-21　果园放置壁蜂　　图1-22　化学疏果后坐果情况　　图1-23　不套袋栽培苹果

七、病虫害防治

病虫害防治以"预防为主，综合防治"为指导方针，提倡生物、物理、农艺技术综合防治。主要病虫害化学防治见表1-2及图1-24至图1-31。

表1-2 苹果主要病虫害及防治方法

时期 （物候期）	主要病虫害	防治方法
萌芽前期至萌芽期（1-3月）	苹果腐烂病、枝干轮纹病、干腐病和越冬代害虫	结合冬剪，剪除病虫枝梢、病僵果，刮除病斑、干腐病、腐烂病皮、老粗翘皮、病瘤，把上述剪刮下的病残组织及时深埋或烧毁；然后全园喷1次杀菌剂，药剂可选用10%康宝100～200倍液，30%腐烂敌100～200倍液，3～5波美度石硫合剂或45%晶体石硫合剂30～50倍液等；对腐烂病疤涂药
萌芽至开花期（4月）	苹果枝干轮文病、腐烂病、干腐病、果实霉心病及苹果瘤蚜、绣线菊蚜、卷叶虫等	随时刮除大枝、树干上的轮纹病瘤、病斑及腐烂病和干腐病病皮，轮纹病瘤应刮除至斑点露白程度，然后涂抹10%抑霉唑水乳剂500～700倍液，2.12%的腐殖酸铜（843康复剂）原液，杀菌消毒；苹果花序露出至分离期，全树喷布45%硫悬浮剂300～400倍液或10%多抗霉素1 000～1 500倍液，或50%异菌脲1 000～1 500倍液，加入10%吡虫啉2 000～3 000倍液或25%灭幼脲2 000倍液
幼果期（5月中旬至6月中旬）	果实轮纹病、炭疽病、早期落叶病及叶螨、蚜虫类、卷叶虫类、金纹细蛾等	第一次在花后7～10天，喷1次杀菌剂加杀虫杀螨剂，选用药剂有50%多菌灵可湿性粉剂600～800倍液，70%甲基硫菌灵800～1 000倍液等，加入20%哒螨灵2 000～3 000倍液或20%螺螨酯2 000倍液；第二次在落花后30天左右，果实套袋前2～3天进行，选用杀菌剂50%多菌灵可湿性粉剂600～800倍液，70%甲基硫菌灵可湿性粉剂800倍液，80%代森锰锌可湿性粉剂800倍液等，加入25%除虫脲可湿性粉剂1 600～2 000倍液或25%灭幼脲1 500～2 000倍液，或20%氰戊菊酯乳油2 000～4 000倍液；发生绵蚜的果园，加入3%啶虫脒1 500倍液。套袋前2～3天全园喷1次杀菌剂，可选用70%甲基硫菌灵可湿性粉剂800倍液或50%多菌灵可湿性粉剂600～700倍液
花芽分化至果实膨大期（6月下旬至7月中旬）	果实轮纹病、炭疽病、褐斑病、斑点落叶病及桃小食心虫、叶螨、二斑叶螨等	采用1:2.5:200倍波尔多液与苯醚甲环唑、代森锰锌等杀菌剂交替使用，一般每隔15天左右喷药1次；斑点落叶病病叶率达30%～50%时，喷布10%多氧霉素可湿性粉剂1 000～1 500倍液或50%异菌脲可湿性粉剂1 000～1 500倍液。未套袋果园，桃小食心虫越冬代出土开始期和盛期，地面喷布40%辛硫磷乳剂1 000～2 000倍液；树上卵果率达1%～1.5%时，树上喷10%联本菊酯乳油3 000～5 000倍液，2.5%溴氰菊酯乳油（敌杀死）3 000～4 000倍液或2.5%氯氟氰菊酯乳油（功夫）2 000～3 000倍液等。做好叶螨的预测预报，每片叶有活动螨3～4头时，喷洒1.8%阿维菌素4 000～5 000倍液，或25%三唑锡1 500～2 000倍液
果实迅速膨大期（7月下旬至9月上旬）	果实轮纹病、炭疽病、褐斑病、斑点落叶病及叶螨等	波尔多液与50%多菌灵加80%三乙膦酸铝、80%代森锰锌交替使用，视降水量多少，一般每隔10～15天喷药1次；继续做好叶螨的预测预报，每叶有活动螨6～7头时，可喷上述杀螨剂防治。其他病虫害防治同上

12

（续）

时期 （物候期）	主要病虫害	防治方法
果实着色至采收（9月中旬至10月下旬）	果实轮纹病、炭疽病和桃小食心虫等	采收前20天，喷布1次80%代森锰锌可湿性粉剂800倍液，或80%克菌丹水分散粒剂600～800倍液；在苹果堆放地铺3厘米厚的细沙，诱捕脱果作茧的桃小食心虫幼虫
落叶至休眠期（11–12月）	施基肥，深翻改土，灌水及防治落叶中越冬的病虫	继续秋施基肥；结合基肥，对果园进行深翻改土，全园秋施基肥后于11月中旬灌水1次。清除落叶、杂草，深埋或烧毁；对苹果轮纹病严重的树，可全树喷50%多菌灵可湿性粉剂100倍液1次

图1-24　炭疽病危害金冠苹果果实

图1-25　梨桧锈病危害嘎拉苹果叶片

图1-26　枝干轮纹病症状

图1-27　绵蚜危害苹果状

图1-28　用黄板诱杀蚜虫

图1-29　用蓝板诱杀盲蝽和蓟马类害虫

图1-30　果园悬挂实蝇诱捕器

图1-31　桃小食心虫性诱芯

第二章

柑　橘

一、概述

柑橘属芸香科，种类繁多，亲缘关系复杂。柑橘属种内的植物学分类比较混乱，生产上一般把柑橘分为七个类型，即柑、橘、橙、柚、柠檬、金柑和枳（邓秀新，2005）。

柑橘是我国南方热带、亚热带常绿果树，树姿优美，类型繁多，多以观赏、药用或者食用为主，是世界和中国第一大水果种类。在我国广东、广西、福建、云南、四川、重庆、湖南、湖北、浙江、江西、台湾、海南等地都有规模化的栽培。由于柑橘四季常绿，花香浓郁，果实漂亮，挂树期长，也适合庭院栽植或者盆栽，栽植品种主要为小果型、灌木类的品种，如金柑、四季橘、柠檬、佛手等。

柑橘类植物实生繁殖童期较长，除金柑类童期较短外，其他柑橘类植物需6～9年，甚至10～13年才能开花。因此，柑橘生产上多采用嫁接方法进行无性繁殖。柑橘花多为白色，气味芬芳。我国栽培类型的柑橘每年的花期在3-5月，福建、广东、广西和云南等冬季气温较高的地区，花期提前到1-3月。除柠檬、金柑、四季橘等一年可多次开花结果外，大部分品种一年开花结果1次。柑橘单性结实能力较强，除部分有籽品种需授粉外，大部分柑橘品种可单性结实形成无籽果实。柑橘栽培品种繁多，一年四季均有果实成熟上市，大部分集中在9-12月。

柑橘一年萌发新梢3～4次，分别为春梢、夏梢、秋梢和冬梢。长江流域极少萌发冬梢，华南地区幼年树易萌发冬梢。春梢和早秋梢多为翌年的结果母枝，而夏梢、晚秋梢和冬梢萌发会消耗大量的营养，影响养分的积累，应针对性地加以利用或者控制。

柑橘常用的砧木主要有枳、红橘、香橙、枸头橙、枳橙、酸橘、酸柚等。栽培柑橘大多采用实生苗作砧木，根系具有完整的主根、侧根和须根。在一般栽培条件下，柑橘根毛较少，但其根系可与丛枝菌根共生形成菌根，可以部分替代根毛的吸收功能，对柑橘生长、抗性及果实品质意义重大。每年的2—4月和10—11月是柑橘根系的两个生长高峰期。

二、品种选择

（一）宽皮柑橘类

1.温州蜜柑　温州蜜柑无性系种类繁多，按成熟期大致可分为特早熟、早熟、中熟和晚熟几个系列。

（1）特早熟。如国庆1号、宫本、日南1号、大分等。

（2）早熟。如宫川、兴津、龟井、由良等。

（3）中熟。如尾张等。

（4）晚熟。如青岛、晚蜜1号等。

2.椪柑　如太甜椪柑、新生系3号椪柑、黔阳无核、鄂柑1号、华柑2号、早蜜、岩溪晚芦等。

3.橘类　如南丰蜜橘、沙糖橘、本地早、红橘等。

（二）甜橙类

1.普通甜橙　如锦橙、冰糖橙、伏令夏橙、桃叶橙等（图2-1）。

2.脐橙　如纽荷尔、红肉脐橙、伦晚8、长红、朋娜、奈维林娜、罗伯逊、福本、鲍威尔、夏金、塔罗科血橙、早红、赣南早等（图2-2至图2-4）。

图2-1　伏令夏橙　　　　图2-2　红肉脐橙

图2-3　伦晚8

图2-4　塔罗科血橙

（三）柚类

如琯溪蜜柚、红肉蜜柚、三红蜜柚、黄肉蜜柚、沙田柚、文旦柚、晚白柚、强德勒红心柚、胡柚、鸡尾葡萄柚等。

（四）杂柑类

如沃柑、不知火、清见、默科特、爱媛28、春见、大雅柑、明日见等（图2-5）。

图2-5　爱媛28成年树

（五）柠檬类

如尤力克柠檬、佛手等。

（六）金柑类

如金弹等。

三、栽植和树形培养

栽植果园要求土壤质地良好，疏松肥沃，养分含量丰富，有机质含量在1%以上，土层深厚，活土层40厘米以上，pH 5.5 ～ 6.5，地下水位1米以下，周围无明显污染源（图2-6至图2-8）。

图2-6　宜昌市八卦山柑橘园

图2-7　丹江口库区温州蜜柑果园

图2-8　碱性土壤造成柑橘果园缺素

山地建议挖穴栽植，平原地区建议抽槽起垄栽培（垄为梯形，高20～30厘米，底宽1.2～1.5米，顶宽1米）。亩施腐熟有机肥2 000千克以上，同时施入钙镁磷肥100～150千克。建议选用无病毒苗木栽植，山地建议选用2～3年生容器大苗定植（图2-9）。

平地及坡度在15°以下缓坡地果园，栽植密度株行距（3～4）米×（4～5）米；坡度在15°以上的坡地或梯地果园，栽植行的行向与梯田或等高线走向相同，株行距（3～4）米×（3.5～4）米。栽植时间为2月中、下旬至3月下旬，冬季无冻害地区也可以选择在10月下旬至11月中旬秋季栽植。

图2-9　苗木繁育基地

幼树成活后，每年施肥3～4次，每株每次150～400克，以尿素和复合肥为主，8月以后停止施肥。保证水分供应充足。

幼树树形培养采用自然圆头形（温州蜜柑、椪柑、橙类、杂柑类）或多主枝开心形（柚类），通过拉枝、骨干枝适度短截、摘心等措施促发分枝。修剪以轻剪为主，综合运用抹芽、摘心、拉枝、扭梢、疏枝等修剪方法，使树冠枝梢稀密适度、分布有序，形成丰产稳产的良好树冠结构。

四、土肥水管理

（一）土壤管理

秋冬季结合施有机肥，深翻改良土壤，全园或树冠内适当深翻40厘米左右，保持树盘下及周边地表疏松。在春季或秋季，果园内采用生草栽培或间作绿肥，可栽培光叶苕子、毛叶苕子、白车轴草（又称白三叶草）、紫云英等，适时刈割翻埋于土壤中或覆盖于树盘（图2-10）。在高温或干旱季节进行树盘覆盖或全园覆盖，覆盖物厚度10～20厘米，距树干10厘米范围内不覆盖（图2-11、图2-12）。也可利用防草布防草（图2-13）。

图2-10 柑橘园生草栽培（光叶苕子）

图2-11 柑橘幼年果园树盘覆盖＋自然生草

图2-12 柑橘园覆草保墒

图2-13 柑橘幼年果园覆盖防草布

（二）肥料管理

坚持"经济、全面、平衡、科学"原则，采用土壤和叶片营养诊断进行配方施肥。因地制宜，通过沼液、沼渣与秸秆还田等多种方式增加有机肥施用，减少无机肥施用，适量补施微肥。幼树按氮、磷、钾比例2：1：1施入，成年树按氮、磷、钾比例2∶1∶2施入。

栽植后2～3年开始施基肥，在11月下旬至翌年2月中旬施入，以有机肥和磷肥为主，施肥量占总施肥量的30%左右。2月下旬至3月上旬施一次催芽肥，以氮肥为主，在生长季节新梢生长高峰期进行追肥，以氮肥和钾肥为主薄肥勤施4～6次，高温干旱季节少施或不施。最后一次追肥在9月以前施入。

结果树施肥每年施肥2～3次，重点保证6月中、下旬至7月上旬的壮果促梢肥和10—11月的越冬肥。

催芽肥在3月中、下旬施入，以速效肥（如硫酸钾复合肥）为主，占施肥量的10%。壮果促梢肥在6月中、下旬至7月上旬施入，以氮、磷为主，占施肥量的35%。越冬肥在10月上、中旬施入，用量占全年的40%～50%，肥料以生物有机肥为主，合理配施一定量的柑橘专用复合肥（或复混肥）；每株树施用生物有机肥5～10千克，或柑橘专用复合肥（或复混肥）4～5千克。采用环状沟或条状沟、放射状沟等方法施入。适当补充镁、锌、硼等中微量元素。施用沼液、沼渣等发酵肥料，要求施用的沼液为30%～50%的稀释液。微量元素肥缺乏时，按照0.1%～0.3%的浓度通过叶面喷施进行矫治。

（三）水分管理

配套完善灌溉设施。采用滴灌、微喷、微润灌溉等节水技术。

在春梢萌动及开花期（3—5月），当叶片出现萎蔫、田间持水量低于60%时及时进行灌溉。花期和幼果期遇天旱每10天灌水一次。温州蜜柑采取覆膜控水栽培技术，效果很好（图2-14）。

图2-14　温州蜜柑覆膜控水栽培

五、整形修剪

注重早期整形与夏季修剪技术，推荐省力化修剪、大枝修剪技术。

柑橘

幼树修剪以甩放为主，对营养生长或树势较旺的初结果树拉枝，促使营养生长向生殖生长的转化。

注重夏季修剪，夏梢以控梢为主，抹除全部夏梢，促发早秋梢。

对成年果园，夏季进行重修剪，以大枝修剪为主，对较拥挤的骨干枝适当疏除，"开天窗"，达到通风透光的效果。

衰老树采用骨干枝更新或靠接方法，对保留的主枝或侧枝进行重回缩，以利抽发强健的新梢，培养新的树冠（图2-15）。

具备机械化的平地果园，建议采用机械化修剪技术。

图2-15　柑橘成年树靠接

六、花果管理

（一）疏花疏果

在树体花量较大的年份，可进行疏花疏果合理调节花果量（图2-16、图2-17）。

图2-16　柑橘的花

图2-17　柠檬的花

通过修剪合理控制花量，一般在春季修剪时对容易成花的早秋梢、健壮春梢，选择一部分进行短截，促使其萌发营养枝，减少花量，最终使营养枝和结果枝比例控制在接近1：1。

在第二次生理落果结束后即6月下旬至7月中旬进行疏果定果，按叶果比（50～60）：1。重点疏除病虫果、畸形果、小果等。

（二）保花保果

3月上、中旬开花前对直立强旺枝条进行拉枝、扭枝，及时防治病虫害特别是柑橘花蕾蛆。在树体生长期，对旺长春梢及时进行摘心或适量抹除，以及剪除全部夏梢等可起到较好的保果作用。

花期喷施0.3%～0.5%的硼肥和磷酸二氢钾，进行保花保果。

晚熟品种可在入冬前对树体喷2次2,4-滴保果剂进行保果，浓度控制在10～20毫克/千克。第一次在果实转色期即11月上旬喷施，20～25天后再喷1次，预防越冬落果。在喷施激素时，可加入0.3%的尿素和0.2%的磷酸二氢钾及杀菌剂等。采取树冠覆膜或单果套袋、地面覆膜（草）等措施防冻，保护越冬果实。采取主干刷白（或用薄膜包干）、树盘培土、园内熏烟增温及叶面喷布抑蒸保温剂等措施保护树体。

（三）果实采收

果实适时采收，提倡完熟采收。

七、病虫害防治

病虫害防治采取"预防为主，综合防治"的原则，合理采用农业、生物、物理和化学等综合手段防控病虫害。

冬季进行树干涂白，结合冬季修剪疏除病虫枝、直立枝和密生枝，并全园喷施3～5波美度石硫合剂进行清园，减少病虫基数。

采用先监测、再防治的办法。利用果园挂灯、树冠挂黄色板、树干挂捕食螨等生物和物理措施进行绿色防控，因园制宜，每30～50亩挂1台频振灯诱杀鳞翅目成虫，每亩挂黄板20～30张诱杀同翅目和部分鳞翅目害虫，每株树挂2～3袋捕食螨捕杀柑橘红蜘蛛。杀虫灯见图2-18。

联防联控防治柑橘大食蝇和柑橘木虱。

果实采摘前1个月停止用药，夏季用药要特别注意药物的安全性，注意保证药物安全间隔期。

重点防控疮痂病、炭疽病、脂点黄斑病、沙皮病、树脂病、褐腐病、黄龙病、溃疡病及柑橘潜叶蛾、红蜘蛛、锈壁虱、柑橘大食蝇等病虫害（高日霞 等，2011）。病虫害危害状见图2-19至图2-27。

图2-18　频振式杀虫灯

图2-19 柑橘疮痂 病症状　　图2-20 爱媛28炭 疽病症状　　图2-21 柑橘脂点黄 斑病症状　　图2-22 柑橘砂皮 病症状

1　　　　　　　　2　　　　　　　　3

图2-23　柑橘黄龙病
1.斑驳黄化　2.红鼻子果　3.果园受害状

图2-24　柑橘溃疡病症状

图2-26　锈壁虱危害柑橘状

图2-27　柑橘大食蝇危害状

图2-25　潜叶蛾危害状

柑橘主要病虫害发生时期（以湖北省为例）、症状和防治方法见表2-1。

表2-1　柑橘主要病虫害防治方法

主要病虫害	发生时期	症状	防治办法
疮痂病	5月幼果期	幼果表面形成钉状突起，类似癞痢头；果实形小、皮厚、汁少，容易脱落	幼果期喷施苯醚甲环唑等
炭疽病	5—7月	主要危害新梢和果实。幼果受害，初呈暗绿色油渍状不规则形病斑，天气潮湿时，病果上长出白色霉状物及淡红色小液点，后期病果腐烂干缩成僵果，不脱落	加强栽培管理，增强树势；彻底清园消毒；幼果期每隔15～20天喷1次苯醚甲环唑、咪鲜胺进行防治
脂点黄斑病	5—7月为侵染高峰，9—10月发病	真菌性病害，主要危害叶片，发病后常引起大量落叶	合理修剪，改善通风透光条件；喷施吡唑醚菌酯预防；喷施吡唑醚菌酯、戊唑醇、苯醚甲环唑、咪鲜胺等进行治疗
树脂病	清园期、春芽萌发期谢花2/3时及幼果期、果实膨大期、秋梢萌发期	危害枝干的是干枯型或流胶型树脂病；危害叶片和果实造成黑点是砂皮病；侵染果实使其在贮藏期发生腐烂是褐色蒂腐病	清园消毒；做好果园防冻措施，可以采用枝干涂白、培土、浇冷冻水、覆膜等措施；在花谢2/3的时候，以治疗性药剂和保护性药剂相结合，比如治疗性药剂戊唑醇、苯醚甲环唑等，保护性药剂代森锰锌、吡唑醚菌酯等，进行喷雾。第二次施药大约在幼果期15天的时候进行
褐腐病	果实主要发病时间在9—10月	初期病斑圆形，淡褐色。病部不断扩展，迅速蔓延至全果，呈褐色水渍状，变软腐烂。在潮湿条件下，病部长出柔软的稀疏白色菌丝	清园消毒，减少病原菌；加强栽培管理，雨后及时排水，降低果园湿度；挂果量大时可用竹竿支撑，尽可能抬高枝条，防止病菌借风雨侵染果实；生长期及时摘除染病果和落地果，集中销毁，防止再次侵染；9月开始喷施保护性药剂，如吡唑醚菌酯、苯醚甲环唑·嘧菌酯、甲霜灵·锰锌等，雨前雨后要及时用药，重点喷施中下部果实
溃疡病	4月上旬至10月下旬	检疫病害，细菌性病害，被害部位产生"火山口"状突起，病斑外有一层黄色晕圈	严格执行检疫，防止溃疡病的传播蔓延。保护区发现病树、病苗要立即烧毁；培育无病苗木；减少果实和叶片损伤；在夏秋梢抽发期和幼果期，全株均匀喷施铜制剂进行防治；冬季清园，剪除发病枝叶和果实，并集中烧毁

24

（续）

主要病虫害	发生时期	症状	防治办法
黄龙病	一年四季	叶片斑驳黄化，产生红鼻子果	无病毒苗木建园；防治柑橘木虱；发现病树及时挖掉烧毁
潜叶蛾	春梢、夏梢、秋梢抽发期	幼虫在柑橘嫩枝、嫩叶表皮下迁回蛀食危害，形成弯曲虫道，俗称"鬼画符"，叶片卷曲，硬化变小	剪除夏梢，集中放梢；可喷施阿维菌素、氯氰菊酯等
红蜘蛛与黄蜘蛛	一年四季均可发生，多雨季节发病较轻，干旱季节发病严重	叶片失绿黄化，失去光泽，严重者脱落	可采用捕食螨或杀螨剂、阿维菌素等防治
锈壁虱	6月底至7月初，幼果膨大期	果皮失绿，果面变成灰褐色或褐色	防治方法同红蜘蛛与黄蜘蛛
柑橘大食蝇	6月上、中旬	受害果实未熟先黄，落果，果内生蛆、腐烂	捡拾落果，集中销毁；联防联控，喷施糖醋液等诱杀剂进行诱杀；也可用食物诱剂诱杀或诱蝇球诱杀
花蕾蛆	4月中、下旬，开花前	被害花蕾成畸形，膨大变短，形成"灯笼花"，不能开放	果园冬耕和春耕；在成虫出土前地面用地膜覆盖；成虫出土时进行地面喷药，可用的药剂有氯氰菊酯等

主要参考文献

邓秀新,2005.世界柑橘品种改良的进展[J].园艺学报,32（6）：1140 -1146.

邓秀新,王力荣,李绍华,等,2019．果树育种40年回顾与展望[J]．果树学报,36（4）：514.

高日霞,陈景耀,2011.中国果树病虫原色图谱（南方卷）[M].北京：中国农业出版社.

林媚,吴韶辉,2019.浙江省12个柑橘品种果实品质分析与评价[J].浙江农业科学,60（6）：963-966.

伊华林,李秋景,程玉芳,2016.我国近十年审（认）定的柑橘新品种及其解读[J].中国南方果树,45（5）：166-170.

第三章

梨

一、概述

梨为蔷薇科苹果亚科梨属，通常分为白梨、砂梨、秋子梨、西洋梨四个系统。叶片多呈卵形；花为白色，或略带黄色、粉红色（图3-1）；果实形状有圆形的，也有基部较细尾部较粗的，即俗称的"梨形"；不同品种的果皮颜色差异较大，有黄色、绿色、褐色，个别品种亦有紫红色（图3-2）。梨的果实通常作食用，不仅味美汁多、甜中带酸，而且营养丰富、含有多种维生素和纤维素。梨对外界环境的适应性比较强，耐寒、耐旱、耐涝、耐盐碱，冬季最低温度在－25℃以上的地区，多数品种可安全越冬。梨树寿命长，分布范围广，中国南北各地梨区，100～150年生的大树很多。梨树喜温，生育期需要较高温度，休眠期则需一定低温。梨树为喜光果树，年需日照在1 600～1 700小时，梨树对土壤的适应能力强，不论山地、丘陵、沙荒、洼地、盐碱地和红壤，都能生长结果。

图3-1　梨花

图3-2　梨果

二、品种选择

梨品种较多，生产上主栽品种及特点见表3-1及图3-3至图3-9。

表3-1　梨主要栽培品种及特点

品种名称	果实	物候期	抗逆性	适栽区域	特征
绿宝石	果实近球形，平均单果重220克。果皮绿色，果肉白色，肉质细腻、汁多、甘甜爽口，品质上	中熟良种，7月中旬成熟	丰产、稳产、抗病，耐高温多湿，较耐贮	全国梨区皆可种植	
红香酥	红皮梨新品种。平均单果重260克。果肉白色，肉质细脆，果心极小，汁多、味甘甜、香味浓，品质佳	9月上旬成熟	早果丰产，适应性强，高抗黑星病	各梨产区	
翠冠	果实近圆形，平均单果重250克。果皮黄绿色，易生果锈。果肉松脆、汁多、味甜，果心较小，可溶性固形物含量12%左右	果实7月底、8月初成熟	抗病、丰产、稳产、较耐贮		
黄冠	果实椭圆形，平均单果重255克。果面光洁，果点小。果皮绿黄色，果肉洁白，细嫩松脆、风味酸甜适口，品质上	果实8月中旬成熟	丰产，抗黑星病		
黄金梨	果实近圆形，金黄色，平均单果重350克。果肉乳白色，肉质松脆、汁多、味甘甜可口，品质优	中熟良种，7月下旬成熟	结果早，丰产、稳产。较耐贮		
新高	果皮黄褐色，果实近圆形，果实大，平均单果重450克，味甘甜	中晚熟品种，9月中旬成熟	丰产、抗病，栽培管理容易。耐贮运	适宜于温暖地带栽培	树势强，以短果枝结果为主
早红考密斯	果实葫芦形，平均单果重200克。果皮紫红色，果面平滑有光泽，果肉白色，肉质细腻、柔软多汁、味香甜，品质上等	9月上旬成熟			
早酥梨	果卵圆形，平均果重200克。果皮黄绿，果面光滑、无锈，果肉白色，肉质细脆疏松，石细胞少，汁多、味甜、微香，品质上等	7月中旬成熟	坐果率高、丰产，果实不耐贮	在土层深厚、土壤肥沃地块栽植丰产性好	以短果枝结果为主
丰水梨	果个中大，圆形，平均单果重210克。果皮褐色，汁多、味浓甜，品质优	8月中旬成熟	不耐贮		易早期落叶

品种名称	果实	物候期	抗逆性	适栽区域	特征
新梨7号	果实椭圆，果柄短粗。平均单果重165克，固形物含量12%。果心小，风味甜爽，清香	7月下旬成熟	抗病抗逆性强，较耐贮		适合多施有机肥
玉露香	果实近球形，平均单果重240克，最大果重450克。果肉白色，肉质细、酥脆，品质上	成熟期8月底、9月初	抗逆性强，较耐贮		部分地区僵芽
秋月	平均单果重400～500克，最大果重1 000克。肉质细、汁多味甜，品质优	9月上旬成熟	抗逆性较强，较耐贮		

图3-3　早红考密斯

图3-4　早酥梨

图3-5　新梨7号

图3-6　梨优良品种（1）

图3-7　梨优良品种（2）

图3-8　梨优良品种（3）

图3-9　梨优良品种（4）

三、栽植和树形培养

（一）配置授粉树

授粉树与主栽品种比例一般是1∶（4～5），见图3-10。

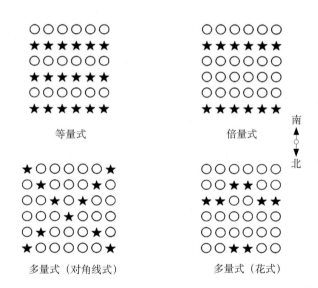

等量式　　　　　　倍量式

多量式（对角线式）　　　　多量式（花式）

南
北

图3-10　授粉树配置图

（二）建园与定植

　　定植时间可于春季发芽前，亦可于秋季落叶后至土壤封冻前的一段时间进行，主要根据当地的气候条件来决定。按照3～6米的行距，沿南北行向开挖80厘米宽、80厘米深的定植沟（表3-2）。在沟中填入30厘米厚的农作物秸秆，并在秸秆上每亩施氮、磷、钾复合肥100千克，或3 000千克农家肥。

表3-2　每亩建议栽培密度

	数量（株）	株距（米）	行距（米）
低密度（稀植大冠）	22	5	6
中密度	56	3	4
高密度	111	2	3

（三）栽后定干与覆膜

栽后必须及时浇足定根水，并用稻草或地膜覆盖垄面。保持土壤湿润，以后根据天气情况隔3～5天浇1次水，定植后1个月内禁用任何肥料（图3-11、图3-12）。

图3-11　梨标准园

图3-12　梨新建园

四、土肥水管理

（一）果园生草

有人工种植和自然生草两种方式。自然生草春季可选留伏地菜、益母草等，夏季可选留马唐草、狗尾草等。人工种草以白车轴草、紫花苜蓿、田菁等豆科类为好，另外，还有黑麦草、毛叶苕子等。

播种时间多为春、秋季。春播一般在4月，秋季一般从8月中旬至9月中旬。草种用量：白车轴草、紫花苜蓿、田菁等每亩0.5～1.5千克，黑麦草等每亩2～3千克。注意生草前后两年每亩增施氮肥12千克，每年夏季割草2～3次，覆盖于树盘内（图3-13）。

（二）秋施基肥

施用时间：从采果后到落叶前均可进行，宜早不宜晚。有机肥的施用量应掌握在至少"斤果斤肥"的标准，同时施入部分速效肥，但要注意氮、磷、钾肥的比例。一般成龄树每株施用有机肥60～80千克、尿素150克、过磷酸钙或钙镁磷肥3～4千克。

图3-13　机械割草

施用方法：在行间或株间开条沟施入，沟深、宽各40～50厘米，将肥料与表土混匀后回填，推荐使用缓控释肥。

（三）追肥

1.追肥时间　第一次在萌芽前，以氮肥为主；第二次在花芽分化及果实膨大期，以磷、钾肥为主，氮、磷、钾混合施用；第三次在果实生长后期，以钾肥为主。

2.追肥方法　树冠下开环状沟或放射状沟，沟深15～20厘米，追肥后及时灌水。

（四）叶面喷肥

结合喷药施入适量的氮、磷、钾、硼、钙等肥料。常用浓度：尿素0.3%～0.5%（高温0.2%～0.3%）、硼砂0.2%～0.3%、磷酸二氢钾0.2%～0.3%、草木灰浸出液3%～10%（不能与农药混用）等。

（五）节水灌溉

灌溉关键期：萌芽前、开花后、果实膨大前与土壤封冻前，都是灌溉关键期。

灌溉方法：灌溉方法主要有3种。①喷灌；②微灌，指滴灌、微喷灌、渗灌等；③沟灌与畦灌，起垄开沟隔行交替灌溉，节水至少50%以上。见图3-14、图3-15。

图3-14　微喷灌

图3-15　滴灌

（六）水肥一体化

将精确施肥与精确灌溉融为一体，果树在吸收水分的同时吸收养分。水肥一体化技术要求灌溉水不受工业及生活废水污染；建设节水设施如滴灌、微喷、小管出流等，根据梨树营养生理、目标产量和土壤条件，将水溶性肥料结合灌水施入梨园，实施水肥耦合、水肥一体化（图3-16）。

滴管施肥程序：滴灌施肥时，先滴清水20 ～ 30分钟，管道充满水后再施肥，施肥结束后再滴清水20分钟，将管道中残留的肥液全部排出，防止设备被腐蚀和产生沉淀。

图3-16　水肥一体

五、整形修剪

（一）自由纺锤形

树高2.5 ～ 3.5米。干高70厘米左右，主枝8 ～ 10个向四周交错延伸，主枝间距20厘米左右，主枝开角70°～ 90°，同方向主枝间距大于50厘米，主枝长1 ～ 2米，在主枝上直接培养中、小型结果枝组（图3-17）。

（二）水平网架形

梨树水平棚架式栽培时树形类似棚架葡萄。四周埋设约5厘米粗的钢管支架，在约1.8米高处用铁丝拉成60厘米×60厘米方格式的水平网架（图3-18）。

图3-17　自由纺锤形

图3-18　网架梨园

（三）Y形

主干高70厘米，二主枝开心形。主枝腰角70°，大量结果时达80°，二主枝与行向斜交成45°角左右，主枝上直接着生中小型结果枝组（图3-19、3-20）。

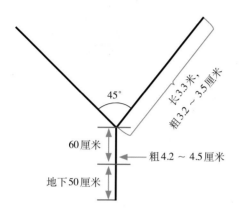

图3-19　Y形树形

图3-20　Y形梨园

（四）圆柱形

树高3.0 ～ 3.5米，干高60厘米左右，中心干上均匀着生18 ～ 22个大、中型枝组，枝组基部粗度为着生部位中心干直径的1/3 ～ 1/2，枝组分枝角度70°～ 90°。行间方向的枝展不超过行间宽度的1/3。整行呈篱壁形。

（五）简化修剪技术

幼树及初果期树：不短截，不回缩；只采用疏枝和长放技术，注意拉枝（图3-21）；保持枝组单轴延伸。

盛果期树：不短截，少回缩；结果枝组更新，采取以小换大的方法控制树体大小。注意控制树冠上部强旺枝，防止上强下弱。结果枝组枝头一律不短截，对于过长枝或枝头角度过大、过小的枝组进行回缩。

密植果园修剪的关键是控制树冠和更新结果枝组，要利用拉枝、缓放、回缩、疏剪等办法来控制树冠的高度和密度，使树冠枝条密度适宜，枝枝见光，叶面积系数保持在3 ～ 4之间，并经常以回缩的方法更新（图3-22）。

图3-21　梨树拉枝　　　　　　　　　　图3-22　大树改接

六、花果管理

（一）花期授粉、防冻避灾

蜜蜂（壁蜂）授粉，1亩地放置1箱蜜蜂（图3-23）；人工点授的同时，喷施0.2%～0.3%的硼砂，注意花期放蜂期间不能喷农药。

采取枝干涂白、花前浇水、全园喷灌、果园熏烟等防冻技术，避免花期霜冻危害。及时悬挂防鸟、防雹网，避免鸟害和雹灾（图3-24至图3-26）。

图3-23　梨园放蜂　　　　　　　　　　图3-24　防鸟网

图3-25　遭受鸟害的果实　　　　　　　图3-26　遭受冰雹灾害的果实

（二）疏花疏果、合理负载

1.疏花

（1）疏花时期。从现花序到初花时都可进行疏花，越早越好。

（2）疏花方法。疏弱留壮，每个花序留2～3朵花。

2.疏果

（1）疏果时期。授粉后两周可判定能否坐果，早熟品种花后20～25天，中熟品种30天，晚熟品种40天。

（2）疏果方法。保留个大、果形正、发育好、无病虫危害的幼果，每个花序留1个果。

（3）疏果标准。疏果间距内膛25～30厘米、外围20～25厘米为宜。

（4）留果序位。以1～4序位为好，3～4序位最佳（图3-27）。

图3-27　疏果

（三）果实套袋

套袋时期：一般在谢花后15～40天内完成。套袋前喷一次杀菌杀虫混合药剂，药液干后及时套袋。药剂有70%甲基硫菌灵800倍液加10%吡虫啉3 000倍液，80%代森锰锌800倍液加1.8%阿维菌素2 000倍液等。

套袋方法：先撑开袋体，将幼果置于袋中央；折叠袋口至扎丝处，将扎丝反转扎紧袋口（图3-28、图3-29）。

图3-28　梨园套袋步骤

图3-29　果园套袋后

七、病虫害防治

梨主要病虫害危害症状及防治方法见表3-3及图3-30至图3-37。

表3-3　梨主要病虫害防治方法

主要病虫害	危害症状	防治关键时期	防治方法
梨黑星病	叶片受害，先是近圆形黄斑，逐渐产生黑色霉层；幼果受害初为黄色近圆形斑，以后病部木栓化变粗糙，形成黑色疮痂，表面凹陷龟裂，形成畸形果	谢花后7～10天开始喷药保护	人工剪除病芽梢，梨果实套袋。剪除病芽梢加上及时喷药保护是目前控制梨黑星病流行的有效方法。结合降雨情况，从发病初期开始，每隔10～15天喷布1次杀菌剂。常用药剂有1:2:240波尔多液（硫酸铜:生石灰:水）、50%多菌灵600～800倍液、70%甲基硫菌灵800倍液、40%氟硅唑乳剂4 000～5 000倍液、80%代森锰锌800倍液、25%戊唑醇乳油2 000倍液等
梨黑斑病	危害叶片、新梢和果实。初期产生细小的圆形黑斑，后互相连成2厘米大小的黑斑，湿润时病斑上产生黑色霉层，常使叶片扭曲畸形早落	谢花后7～10天开始喷药保护	清洁果园，减少越冬菌源；加强栽培管理，改善通风透光条件，提高抗病能力。梨树发芽前，喷1次5波美度石硫合剂。从发病初期开始，结合降雨情况，每隔10～15天喷布1次杀菌剂。常用药剂有1:2:(200～240)倍波尔多液、70%代森锰锌可湿性粉剂600倍液、75%百菌清可湿性粉剂800倍液、50%异菌脲可湿性粉剂1 500倍液、10%多氧霉素1 000倍液
梨锈病	叶片受害初期，正面产生橙黄色病斑，表面密生橙黄色针头大小的小点，后病斑变黑变厚，向叶背突起，叶正面微凹，叶背突起部分长出数条毛状物	春季发芽展叶期	在梨园周围5千米以内，彻底清除松柏，切断锈病菌的侵染源。在春天展叶时，喷布80%代森锰锌可湿性粉剂800倍液、25%戊唑醇乳油2 000倍液、25%吡唑醚菌酯乳油2 000倍液、10%苯醚甲环唑3 000倍液，喷布2～3次

（续）

主要 病虫害	危害症状	防治 关键时期	防治方法
褐斑病	主要危害叶片。初期产生近圆形褐斑，中间灰白、外围褐色，多个病斑合并成不规则形褐色大斑块，引起早期落叶	梨果套袋前	集中清理病落叶，合理修剪，避免郁蔽。适时喷药保护。一般在雨季前喷布杀菌剂。药剂可选用25%戊唑醇乳剂2 000倍液、1:2:200倍波尔多液、70%甲基硫菌灵可湿性粉剂800倍液、50%异菌脲1 500倍液、80%代森锰锌可湿性粉剂800倍液，交替使用
轮纹病	枝干发病以皮孔为中心，形成暗褐色、水渍状大小病斑，以后逐渐扩大成近圆形并形成瘤状突起；果实发病多在近成熟期，也以皮孔为中心，形成轮纹状红褐色病斑，病果易落	谢花后至梨果套袋前	果实套袋，春季发芽前刮除病瘤，全树喷洒40%氟硅唑乳剂2 000倍液。及时喷药，保护果实。谢花后每半月左右喷1次杀菌剂。常用药剂有25%戊唑醇乳剂2 000倍液、70%甲基硫菌灵800倍液、40%氟硅唑乳剂4 000~5 000倍液、80%代森锰锌800倍液等，并与石灰倍量式波尔多液交替使用
梨小食心虫	被害果的梗洼、萼洼和果与果、叶与果相贴处有虫蛀入孔，孔周围凹陷，孔外排出细虫粪，周围变黑，虫果易腐烂脱落	连续监测到成虫2~3天后	果实套袋，越冬代成虫羽化前释放信息素迷向剂。各代成虫产卵孵化高峰期喷药防治。一般每代施药2次，间隔10天左右。常用药剂有35%氯虫苯甲酰胺水分散粒剂8 000倍液、1%甲维盐乳油1 500倍液、40%毒死蜱乳油1 000~1 500倍液、2.5%氯氟氰菊酯乳油2 000倍液等
梨木虱	若虫在两叶相贴之处、卷叶中及叶背面栖息危害。若虫分泌黏液，易招致杂菌。受害严重时，叶片枯焦脱落	花芽开放前、越冬代成虫出蛰期、第一代成虫羽化始盛期	清洁果园结合药剂防治。常用药剂有10%吡虫啉可湿性粉剂2 000倍液、1.8%阿维菌素乳油2 000倍液、24%螺虫乙酯悬浮剂4 000倍液等

主要 病虫害	危害症状	防治 关键时期	防治方法
梨二叉蚜	春季危害梨树新梢叶片后，受害叶片向上纵卷成筒状，以后逐渐皱缩、变脆，严重时引起落叶	春季花芽萌动后、初孵若虫群集危害而尚未卷叶时	保护利用天敌。关键期使用药剂防治，如10%吡虫啉可湿性粉剂3 000倍液、5%啶虫脒可湿性粉剂2 000倍液、22%氟啶虫胺腈悬浮剂5 000倍液、2.5%氯氟氰菊酯乳油2 000倍液等
椿象	成虫和若虫刺吸果后，被害部木栓化、石细胞增多，果面凹凸不平、畸形，形成疮痂	越冬成虫出蛰期和低龄若虫期	在春季越冬成虫出蛰时和9、10月成虫越冬时，收集成虫；成虫产卵期，收集卵块和初孵若虫，集中销毁。在越冬成虫出蛰期和低龄若虫期喷药防治。药剂可选用50%杀螟硫磷乳剂1 000倍液、48%毒死蜱乳剂1 500倍液、20%氰戊菊酯乳油2 000倍液等
康氏粉蚧	若虫食害幼嫩部位，雌成虫在枝干粗皮裂缝内或果实萼洼、梗洼等处产卵	一、二代若虫初发生期	在树干上束草把诱集成虫产卵，入冬后至发芽前取下草把烧毁虫卵；早春刮除老树皮、树皮裂缝，用毛刷刷杀越冬卵或成虫。喷施40%毒死蜱乳油1 000～2 000倍液，25克/升高效氯氟氰菊酯水乳剂2 000～3 000倍液，20%啶虫脒可湿性粉剂4 000～6 000倍液等药剂
梨茎蜂	成虫产卵时用锯状产卵器将嫩梢4～5片叶处锯伤，新梢被锯后萎缩下垂，干枯脱落，幼虫在残留的小枝内蛀食	开花期	在梨树初花期每亩均匀悬挂20～30块黄色粘虫板防治。喷药防治应抓住花后成虫发生高峰期，在新梢长至5～6厘米时喷布20%氰戊菊酯3 000倍、10%吡虫啉可湿性粉剂2 000倍液等
梨红蜘蛛	受害叶片初呈失绿斑点，严重时叶片全部失绿变色，引起早期落叶	越冬雌成螨出蛰期、第一代卵和幼若螨期	清园和保护利用天敌是控制红蜘蛛的有效途径，有条件的果园还可以引进释放捕食螨等天敌。药剂防治关键时期在越冬雌成螨出蛰期和第一代卵与幼若螨期。药剂可选用5%噻螨酮乳油2 000倍液、15%哒螨灵乳油2 000～2 500倍液、25%三唑锡可湿性粉剂1 500倍液等。喷药时要细致周到

图3-30　梨黑星病症状

图3-31　梨小食心虫危害状

图3-32　梨木虱危害状

图3-33　康氏粉蚧危害状

图3-34　梨茎蜂危害状

图3-35　黄色粘虫板＋信息素迷向剂

图3-36　捕食螨（白色袋中）

图3-37　赤眼蜂

第四章

葡　萄

一、概述

葡萄是葡萄科葡萄属多年生藤本植物，必须攀附棚架或其他物体向上生长、扩大树冠；茎、蔓、髓部结构疏松，导管大而长，能有效地输送营养；肉质根发达，可贮藏大量营养物质，供应生长发育；新梢生长旺，副梢结实能力强，再生更新能力强。

二、品种选择

早中晚熟主栽品种及其生长特性见图4-1至图4-3及表4-1。

图4-1　夏黑

图4-2　早霞玫瑰

图4-3　阳光玫瑰

第四章

全图解果树整形修剪与栽培管理大全

葡萄

表4-1　葡萄主栽品种

熟期	品种名称	果实性状					树势	成熟期（山东地区）	抗逆性	适栽区域
		果实形状	平均单粒重（克）	果皮颜色	可溶性固形物含量（%）	香气				
早熟	夏黑	近圆形	3.5	蓝黑色	20~22	有草莓香味	极强	7月中、下旬	强	花期高温干旱的地区表现不好
	早霞玫瑰	近圆形	5.7	紫红色	19	有玫瑰香味	强	7月中旬	强	耐弱光，适合设施栽培
	京亚	椭圆形	11	紫黑色	16~18	有草莓香味	较强	7月下旬	强	花期高温干旱的地区表现不好
	早黑宝	短椭圆形	7	紫黑色	15~16	有玫瑰香味	中庸	7月底	强	适于干旱地区栽培，其他地区宜避雨栽培
	红巴拉蒂	扁椭圆形	7.2	鲜红或紫红色	18	无	较强	7月下旬	中等	适合设施栽培
中熟	巨峰	椭圆形	12	紫黑色	17~19	有草莓香味	强	8月中、下旬	强	花期高温干旱的地区表现不好
	醉金香	倒卵形	13	绿黄色	16~18	有茉莉香味	强	8月中旬	强	适栽范围广
	藤稔	圆锥形	16~22	紫黑色	16~22	无	强	8月中、下旬	强	花期高温干旱的地区表现不好

熟期	品种名称	果实性状					树势	成熟期(山东地区)	抗逆性	适栽区域
		果实形状	平均单粒重（克）	果皮颜色	可溶性固形物含量（%）	香气				
中熟	户太8号	圆锥形	10～12	紫黑色	14～16	无	强	8月中旬	强	适栽范围广
	阳光玫瑰	椭圆形	8～12	黄绿色	18～20	有玫瑰香味	强	8月中、下旬	强，但不抗炭疽病	适栽范围广，花期高温地区表现不好
	玫瑰香	近圆形	4～5	紫红色	15～19	有玫瑰香味	中等	8月下旬	中等	适栽范围广
晚熟	魏可	卵形	10	紫黑色	10	无	强	9月中、下旬	强	适栽范围广
	红地球	圆形	12～14	暗紫红色	16～18	无	强	10月上旬	较弱	适于干旱、干旱地区栽培
	摩尔多瓦	圆锥形	13～15	蓝黑色	13～15	无	强	9月下旬	极强，高抗霜霉病	适栽范围广
	美人指	长椭圆形	12	基部浅粉色，先端紫红色	16	无	强	9月中、下旬	较差	适合设施栽培
	克瑞森无核	长椭圆形	4	紫红色	19	无	极强	9月中旬	中等，易感染白腐病	适于干旱、干旱地区栽培

三、栽植

（一）定植时间

北方宜在春季葡萄萌芽前定植，地温达到 7 ~ 10℃时进行。

（二）挖定植沟

定植沟宽0.6 ~ 1.1米、深0.6 ~ 0.8米（图4-4）。施入腐熟的有机肥、钙肥等，肥料与土按1∶8的比例混匀回填。

（三）苗木消毒

用适宜浓度的杀虫剂和广谱性杀菌剂浸泡苗木0.5小时，然后在清水中浸泡漂洗。

（四）定植

将苗木放入穴内，边填土边踏实，轻提苗使根系舒展，再填土，与地面相平后踏实（图4-5）。

图4-4　定植沟　　　　　　　图4-5　苗木定植

（五）灌溉

栽完后立即灌一次透水，以提高成活率。

（六）封土

待水下渗后，覆盖黑色地膜，打孔将苗引出膜外。

四、土肥水管理

（一）土壤管理

1.深翻　采果后或秋季结合施肥，行间或全园翻耕。

2.覆盖法　春夏覆盖黑色地膜或园艺地布；夏季覆草，一般每亩覆干草不少于1 500千克。

3.生草　人工种草多用豆科或禾本科草种，自然生草采用田间自有草种。

（二）施肥

1.基肥　在葡萄根系第二次生长高峰前，或者果实采收后8-9月，施入腐熟有机肥，一般果肥比1∶2。

2.追肥

（1）土壤追肥。萌芽前每亩施入10～15千克氮肥；花期前后每亩追施磷肥和钾肥15千克；果实膨大期每亩施30千克硫酸钾。

（2）叶面追肥。开花前叶面喷施0.2%～0.3%硼砂溶液加0.3%磷酸二氢钾，在果实膨大及着色期喷0.3%磷酸二氢钾或微量元素。

（三）节水灌溉技术

目前节水灌溉主要有滴灌、微喷灌技术，结合水肥一体化，将可溶性肥料随灌水直接送入植株根部，见表4-2及图4-6至图4-9。

表4-2　不同时期灌水和施肥指标

生育时期	灌溉		施肥			
	灌水次数（次）	每亩每次灌水量（米³）	施肥次数（次）	每亩每次灌溉施肥量（千克）		
				氮（N）	磷（P_2O_5）	钾（K_2O）
萌芽期	2	3～5	2	2～3	0.5～0.8	3～3.5
始花期至末花期	2	3～5	2	2～3	0.5～0.8	3～3.5

（续）

生育时期	灌溉		施肥			
	灌水次数（次）	每亩每次灌水量（米³）	施肥次数（次）	每亩每次灌溉施肥量（千克）		
				氮（N）	磷（P₂O₅）	钾（K₂O）
幼果发育期	4	3~5	2	3~5	0.9~1.8	5~6
转色期	1	2	1	—	—	2~3
采收后	2~3	8~10	1	4.5~7.5	1.5~2	6~7
合计	10~11	42~72	8	22.5~25.5	5~9	30~36

图4-6　水泵

图4-7　砂石过滤器

图4-8　智能控制系统

图4-9　滴灌带

五、高光效树形培养及整形修剪

（一）V形架树形培养

1.基本树形　干高0.8～1米，主蔓单臂或双臂顺行向绑扎，新梢垂直于主蔓呈V形绑扎，见图4-10。

2.树形培养　定植发芽后，培养1个新梢作主干，待高度超过1.2米时水平牵引，或者摘心选2个副梢水平牵引，培育成主蔓。主蔓上萌发的副梢呈V形绑扎，间距10～15厘米，形成V形叶幕。然后留3～4片叶摘心，只留顶端副梢生长，形成结果母枝。

（二）T形棚架树形培养

1.基本树形　该树形由一个主干和两个主蔓及若干结果母枝组成。主干直立，垂直高度1.8米，配合水平叶幕，见图4-11。

2.树形培养　树形培养和V形架类似。

图4-10　V形架树形培养

图4-11　T形架树形培养

（三）整形修剪

1.夏剪　主要有抹芽、定梢、新梢绑缚、主副梢摘心等。

2.冬季修剪　采用单枝更新，对成花节位低的品种采取极短梢、短梢或中短梢修剪，如夏黑、巨峰等；如若结果部位外移、下部光秃，可采用双枝更新的方法对结果母枝进行更新；对于多年生枝蔓，一般采用回缩修剪的方法更新（图4-12、图4-13）。

图4-12　一年生T形架冬剪

图4-13　多年生T形架冬剪

六、花果管理

（一）疏花疏果技术

1.疏花序　在开花前7～10天进行，遵循"强旺枝留单穗，弱枝不留穗，留下不留上，留壮不留弱"的原则。

2.疏果　适宜的目标穗重500～750克，一般每穗留果50～80粒。

3.果穗整形　在开花前一周，剪除歧肩和副穗，可留穗尖使果穗呈圆锥形，穗长控制在4.5～5.5厘米；或者去除穗尖使果穗呈圆柱形，穗长控制在5～6厘米，见图4-14、图4-15。

图4-14　夏黑整穗前　　　　　图4-15　夏黑整穗后

（二）生长调节剂的使用

1.赤霉素类

（1）穗轴拉长。在展叶5～7片叶时浸蘸花穗，使用浓度5～7毫克/升。使用浓度不可过高，防止穗轴变硬或扭曲。

（2）诱导无核。盛花期浸蘸果穗，使用浓度15～25毫克/升。

（3）提高坐果率。在落花时浸蘸果穗，使用浓度15～25毫克/升（图4-16）。

图4-16　用生长调节剂浸蘸果穗

（4）膨大。盛花后10～14天浸蘸果穗，使用浓度25～50毫克/升。

2.氯吡脲

（1）提高坐果率。在盛花期至落花期浸蘸果穗，使用浓度3～5毫克/升。

（2）膨大。盛花后10～14天浸蘸果穗，使用浓度5～10毫克/升。

（三）果实套袋技术

1.选择纸袋　根据品种及不同地区的气候条件，选择适宜的、合格的纸袋种类。

2.套袋时期与方法　定穗后，全园喷1遍杀菌剂，重点喷果穗。套袋时由下往上将整个果穗全部套入袋内，再将袋口扎紧（图4-17）。

3.除袋时期及方法　宜在上午10时以前和下午4时以后，除袋时先把袋底打开，使果袋在果穗上部呈"戴帽"状，不要将纸袋一次性摘除。

图4-17　套袋处理

4.采收　选晴天上午8～10时或下午4～7时进行。采收时用左手拇指和食指捏住穗梗，右手握住采果剪在穗梗基部靠近枝梢处剪下，禁止徒手折穗梗。

七、病虫害防治

葡萄病虫害防治应以"预防为主，综合防治"为原则，主要病虫害见表4-3及图4-18至图4-22。

表4-3　主要病虫害防治方法

作物 生长阶段	主要病虫害	常用药剂	备注
萌芽期	白粉病、炭疽病、黑痘病	代森锰锌、丙环唑、唑醇类	喷药1次，绿盲蝽是防治重点
	毛毡病、绿盲蝽、介壳虫	联苯菊酯或吡虫啉	

(续)

作物 生长阶段	主要病虫害	常用药剂	备注
花序分离期	霜霉病、白粉病、黑痘病	乙磷铝、代森锰锌	喷药1~2次
	绿盲蝽、蓟马、斑衣蜡蝉	氟虫腈加高效氯氰菊酯	
花前花后	灰霉病、霜霉病、穗轴褐枯病	异菌脲、吡唑嘧菌酯	喷药2次
	绿盲蝽、蓟马、粉蚧、蚜虫	啶虫脒	
幼果膨大期	白腐病、灰霉病、炭疽病	嘧霉胺、代森锰锌	喷药3次
	叶蝉、红蜘蛛、透翅蛾、介壳虫、蓟马、绿盲蝽	阿维菌素	
封穗至采收前	白腐病、霜霉病、褐斑病	甲基硫菌灵、三乙膦酸铝	喷药2次，白腐病是防治重点
	叶蝉、金龟子	啶虫脒	
采收后	霜霉病、褐斑病	波尔多液、嘧菌酯、烯酰吗啉	喷药1~2次，霜霉病是防治重点
	蚜虫、短须螨、叶蝉	有机磷类、菊酯类药剂	
休眠期		石硫合剂	清园

注：表中所列药剂仅为举例说明，可以根据销售情况选用合适的药剂。

图4-18 灰霉病危害果实状

图4-19 炭疽病危害果实状

图4-20　曲霉软腐病危害果实状　　　　　　图4-21　霜霉病危害叶片状

图4-22　绿盲蝽危害状

主要参考文献

山东省农业标准技术委员会, 2020. 葡萄水肥一体化滴灌栽培技术规程: DB 37/T 3945—2020 [S].济南: 山东省市场监督管理局.

第五章

桃

一、概述

桃是蔷薇科李属落叶小乔木，原产于我国西北的甘肃、陕西、西藏东部和东南部高原地带等地区，后经丝绸之路引种到世界各地，主要分布在南、北纬的25°－45°之间，集中在亚洲、欧洲、美洲。全世界生产桃的国家有68个，其中中国、意大利、西班牙、美国的产量最多。我国是世界桃生产第一大国，占世界总产量的61.54%，主产区集中在山东、河北、河南、湖北等地，主要品种有蟠桃、毛桃、油桃、水蜜桃等。其根系分布浅，怕旱、涝；萌发力、成枝力强，生长快，层性不明显，成花容易，进入结果期早。

二、品种选择

特色化、生态、优质、营养、安全生产是今后桃业发展的方向，见表5-1和图5-1至图5-5。

表5-1   部分优良品种简介

品种	果肉颜色及可溶性固形物含量（%）	平均单果重（克）	成熟期	注意事项
鲁油3号	黄，14.1	152	4月下旬	需冷量500小时
红芒果油桃	黄，14～16	90～150	5月下旬	自花结实
朝月油蟠桃	白，14～16.8	50～80	5月底至6月初	有裂果现象
中桃金魁	黄，12	300	6月上、中旬	较耐贮运
中油18号	白，SH肉质，13～14	160～263	6月上、中旬	花粉多
锦春	黄，12～14	240	6月上、中旬	花粉多

品种	果肉颜色及 可溶性固形物含量（％）	平均单果重 （克）	成熟期	注意事项
未来1号	黄，15	150～200	6月中旬	花粉多
36-3油蟠桃	白，16～18	86～124	6月中旬	自花结实
中桃红玉	白，硬溶质13～15	180	6月20日	花粉多
中油桃16号	白，SH肉质，13～14	163～258	6月中、下旬	花粉多
鲁星	白，12	192.5	6月下旬	坐果率高
金霞早油蟠	黄，硬溶质，11～13	142	6月底	裂果少
中桃10号	黄，SH肉质，13～14	250～376	7月初	有花粉
中油金帅	黄，SH肉质，14～16	210	7月上旬	留树时间长
风味皇后	黄，硬肉，18～20	125	7月上旬	风味奇佳
中蟠13号	橙黄，13	180～225	7月上旬	肉厚、不裂顶
霞脆	白，肉质硬脆，11～13	210	7月上、中旬	耐贮运
中油蟠9号	肉黄，硬溶质，15	200	7月中旬	风味浓甜
霞晖6号	白，硬溶质，12～15	211	7月中旬	自花结实
中蟠11号	橙黄，16	250	7月中、下旬	有花粉
风味太后	黄，硬溶质，18～20	130	7月中、下旬	极丰产
中油蟠7号	黄，硬溶质，16	300	7月中、下旬	丰产性好
金霞油蟠	黄，脆甜，12～14.5	120～150	7月下旬	极丰产
中油8号	金黄，13～16	180～200	7月下旬	花粉多
中桃11号	乳白，SH肉质，14	256	7月下旬	花粉多
中蟠19号	橙黄，15	250	7月下旬	注意采收成熟度
NJC83	橙黄，11～12	158.3	7月底至8月初	成品色卡7级以上
黄金冠	黄，13.8	167	7月底至8月初	加工性状好
黄金蜜3号	金黄，硬溶质，13～17	215～260	8月初	自花结实
瑞油蟠2号	黄白，13.5	122	8月初	挂果期长
中蟠17号	橙黄，13	200～250	8月上旬	丰产
秋红珠	白，硬溶质，16	50～75	8月上旬	自花结实
中油蟠3号	黄，硬溶质，15	100	8月上旬	裂果少
锦园	黄，13～15	225	8月上旬	鲜食有花粉
霞晖8号	白，硬溶质，13.4	246	8月中旬	果肉软化速度慢
锦绣	金黄，13～15	220～250	8月中、下旬	鲜食有花粉

（续）

品种	果肉颜色及可溶性固形物含量（%）	平均单果重（克）	成熟期	注意事项
黄中皇	橙黄，11.8	196.6	8月中、下旬	鲜食加工兼用
金皇后	黄，12	164.7	8月下旬至9月上旬	鲜食加工兼用
黄金脆	橘黄，SH肉质，16～18	300～500	8月底	鲜食花粉多
黄金蜜4号	金，硬溶质，17.2	220	9月上、中旬	有花粉
中桃22号	白15～17	230～376	9月初	极丰产
秋丽	白，不溶质，12.10	256	9月上旬	花粉多
中油桃21号	黄，18～20	205～310	9月中、下旬	极丰产
瑞蟠21号	黄白，硬溶质，13.5	236	9月下旬	丰产
霜皇金	金黄，12	300	10月中、下旬	加工品种

注：SH为英文"stony-hard"的首字母缩写形式，指"像石头一样坚硬的"，SH肉质表现为果实硬度高、肉质脆，挂果时间长且采后肉质较长时间不变软。

图5-1　朝月油蟠桃

图5-2　金霞油蟠

图5-3　未来1号

图5-4　中蟠13号

图5-5　中蟠17号

三、建园

（一）园址选择

选生态条件好、土壤疏松、排水良好的壤土或沙壤土，土层在40厘米以上，pH 4.5 ~ 7.5，土壤有机质1% ~ 2%。

（二）栽植

1.苗木选择　选健壮二年生苗，苗高90厘米以上，接口上苗木粗度1厘米以上。

2.起垄　垄高30 ~ 40厘米，上宽40 ~ 50厘米；长方形栽植，土地两头预留机械拐弯空间。

3.栽植时期　春季3月上旬至下旬发芽前，秋季10月下旬至11月上旬苗木落叶或带叶栽植。

4.栽植密度　宽行密植，株行距（1.5 ~ 3）米×（4 ~ 6）米。

5.授粉树配置　自花结实能力差的，可按1:（3 ~ 5）比例成行排列配置授粉树。

6.栽植技术　栽植深度以苗木根颈处土印为宜，不能超过原深度2厘米。栽后加强肥水管理（图5-6）。

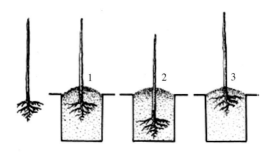

图5-6　栽植深度
1.适合　2.过深　3.过浅

四、土肥水管理

（一）生草

提倡"行间种草、株间覆盖"（图5-7）。自然生草要连续2 ~ 4次人工拔除恶性草；人工生草可选择长柔毛野豌豆、鼠茅草、二月兰、紫花苜蓿、黑麦草等，鼠茅草播种时间9月中旬至10月上旬，每亩播种量1.5～2kg。

（二）覆盖

桃园可覆膜、覆地布和覆草，覆草厚度15～20厘米以上，以后每年加草保持15～20厘米以上的厚度（图5-8）。

图5-7　生草桃园

图5-8　覆草＋自然生草

（三）土壤改良

栽植前全园或带状深翻土壤50～60厘米。

挖定植沟，深80～100厘米、宽80厘米，每亩施入3～5米³羊粪、兔粪等有机肥，起垄浇水"阴坑"。提倡一次性施用有机肥，将有机物料每亩20～30米³在定植沟内地表下20～40厘米与土壤1∶1混合均匀并填平。

有机物料指作物秸秆（粉碎到长、宽各1厘米左右）、炉灰（粉碎过筛孔径0.5厘米以下）和农家肥（兔、羊、牛粪等过筛孔径1厘米以下），以体积比7∶1.5∶1.5混合后加入2%的尿素溶液至湿（手握成团，一触即散），堆沤，同时增加一些枯草芽孢杆菌等堆积20天左右。

（四）施肥

1.施肥量　不同产量水平施肥量见表5-2。

表5-2　不同产量水平每亩推荐施肥量

每亩产量水平（千克）	有机肥施用量（米³）	氮肥（N）（千克）	磷肥（P_2O_5）（千克）	钾肥（K_2O）（千克）
3 000以上	2～3	18～20	8～10	20～22

每亩产量水平 （千克）	有机肥施用量 （米³）	氮肥（N） （千克）	磷肥（P₂O₅） （千克）	钾肥（K₂O） （千克）
2 000～3 000	1～2	15～18	7～9	18～20
1 500～2 000	1～2	12～15	5～8	15～18

2.施肥时期

（1）秋施基肥。果实采后（9–10月），全部有机肥、30%～40%的氮肥、40%～50%的磷肥、20%～30%的钾肥作基肥，注意钙、镁、硼、锌、铁肥的配合施用，提倡基肥一次性施用（图5-9）。

图5-9　秋施基肥

（2）追肥。将60%～70%的氮肥和50%～60%的磷肥、70%～80%的钾肥分别在春季桃树萌芽期、硬核期和果实膨大期分次追施（早熟品种1～2次、中晚熟品种2～4次）。

（3）根外追肥。常用肥料有0.2%～0.3%的尿素、0.2%～0.5%的硼砂、0.2%～0.5%的硫酸亚铁等。

3.施肥方法　以环状沟、放射沟或条状沟施入，沟深30～40厘米、宽30～40厘米，施肥后及时覆土浇水。

（五）水肥一体化

桃滴灌施肥推荐方案见表5-3。

表5-3　桃园目标产量3 000～4 000千克／亩时滴灌施肥推荐方案

施肥期	肥料配方 （N：P₂O₅：K₂O）	施肥次数	每亩每次用量（千克）
开花前	25：10：15	1	20
开花至幼果期	25：5：20	2	15
膨大期	20：0：30	4	15

五、整形修剪

（一）常用树形

1. 主干形 树高2.0 ~ 2.5米，干高50 ~ 70厘米。主干上留15 ~ 20个侧生枝（组），枝（组）间距20厘米左右错落均匀分布，开张角度100° ~ 120°，下大上小，中心干直立。株行距一般为（1.5 ~ 2.0）米×4米（图5-10）。

幼树通过抹芽、摘心、疏枝等措施平衡树势，结果树要注重更新修剪，保证通风透光。为防止树势上强，建议预留牵引枝，其作用是利用有限的空间多留些结桃枝来增加产量，同时还能起到平衡上下树势和缓慢增大主枝的尖削度作用（图5-11至图5-13）。

图5-10　主干形开花状

图5-11　主干形＋牵引枝

图5-12　改良主干形（弓箭形）

图5-13　"一根棍"修剪＋牵引枝

2. Y形 树高3 ~ 3.5米，干高50厘米以上，定干70厘米，选留两个对生、长度粗度均匀一致的主枝，夹角40° ~ 50°。主枝上不留侧枝，单轴延伸，直接着生着30 ~ 35个结果枝或小型枝组，及时处理竞争枝。株行距（1.5 ~ 2）米×（4 ~ 6）米，行向南北（图5-14至图5-16）。

整形修剪参考主干形。

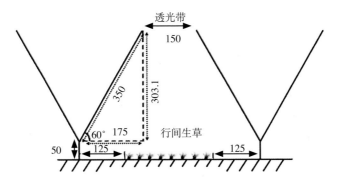

透光带

150

350

303.1

60° 175

行间生草

50

125

125

图5-14　Y形机械化生产桃园（2米×5米株行距）示意图（单位：厘米）

图5-15　Y形树形结构特点

图5-16　Y形树形结果状

（二）长枝修剪

修剪时以长放、疏剪、回缩为主，基本不短截。以长果枝结果为主的品种，大于30厘米果枝量每亩4 000～5 000个，总枝量在10 000个以内；以中短果枝结果的品种，大于30厘米果枝量每亩2 000个以内，总果枝量控制在12 000个以内。

六、花果管理

（一）预防倒春寒

通过增加果园湿度（灌水或喷水）、熏烟等措施，加强桃树倒春寒的预防，防止花期受冻（图5-17）。

图5-17　桃花期受冻害情况

（二）授粉

1.蜂类授粉　准备壁蜂（每亩300～500头）、熊蜂（每亩50～80头，适合温室内）、蜜蜂（每亩2 000～4 000头），花朵开放3%～5%时开始放蜂，壁蜂、熊蜂授粉效果好。

2.人工授粉　将采集、阴干收集的花粉（1份花粉加2份淀粉），在花开40%～50%和80%时分别进行2次授粉，一般上午9时至下午4时进行。可采用人工点授、机械授粉器、液体授粉等方法。

（三）疏花疏果

1.疏花　在大花蕾至盛花初期进行，一般长果枝留5～6个单花，中果枝3～4个单花，短果枝、花束状果枝1～2个花。

2.疏果　在落花后15天果实黄豆大小时开始疏果。大果型品种，长果枝留2～3个果，中果枝留1～2个果，短果枝不留果或留1个果，结果枝组中的花束状果枝3个留1个果或不留果。

（四）套袋、摘袋

1.果袋的选择　早熟桃用白色或黄色等浅色袋，晚熟品种用橙色袋、褐色袋或深色双层袋等。

2.套袋时间　山东果区一般在5月中、下旬进行套袋，晴天上午以9-11时和下午3-6时为宜。

3.套袋前的准备　套前喷一次杀虫剂和保护性杀菌剂，药液干后再套袋。

4.套袋　双手提袋，缺口对准果实，轻轻抖动，把桃果装进袋子，桃袋缺口紧靠枝条，右侧向后、左侧向前交叉，然后按"折扇"方式左手从前向后、右手从后向前竖折，右手最后把竖折在一起的袋口向前折叠。注意操作时要使果实位于袋中央，以防日灼，勿将叶片或枝条装入袋内。

5.套袋后管理　要加强肥水管理和叶片保护。

6.摘袋　上午9-11时，下午3-5时，最好在阴天或多云天气解袋。单层袋，易着色、中等着色、不易着色品种分别在采前4～5天、5～7天、6～10天解袋，先将袋体撕开使之于果实上方呈伞形，以遮挡直射光，后再将袋全部解掉。双层袋，采前12～15天先沿袋切线撕掉外袋，内袋在采前5～7天再去掉（图5-18）。

7.摘袋后的配套措施

（1）摘叶。将果实周围影响着色的叶片摘去少量，可使果面着色度提高10%～20%（图5-19）。

图5-18　单层袋去除方式

图5-19　摘叶

（2）转果。将相邻的两个果实轻轻改变方向，阴面转向阳面使之充分受光，着色指数平均增加20%左右。

（3）铺反光膜。摘袋后在行间顺行铺平幅宽1米的反光膜，促进内膛和树冠下部果实着色（图5-20）。

图5-20　桃园铺设反光膜

七、采后处理

（一）分批采收

一般品种分2～3次采收，少数品种可分3～5次采收，整个采收期7～10天，成熟度的把控见表5-4。

表5-4　成熟度的把控

用途	采摘成熟度
就地销售的鲜食品种	九成
长途运输	八九成
贮藏	八成
精品包装、冷链运输销售	十成
加工	八九成

（二）采收时间

选择早晨低温时采收，避开阳光暴晒和露水，采后立即置于阴凉处。

（三）分级

通过人工或机械选果，去除病虫果、损伤果，人工分级凭视觉与经验将成熟度差异明显、果实大小差异较大的果实分别放置在不同的分级堆中。机器分级主要依据果实纵横径大小、果形、质量、果表颜色、表面缺陷以及生物物料特性（色泽、果肉质地、内含物成分等）研制特定的分级机械，进行自动化、智能化分级，是比较先进的现代分级方式。

（四）预冷

桃子采收后要预冷至要求的温度，一般采后12小时内、最迟24小时内将果实冷却到5℃以下，可有效抑制桃褐腐病和软腐病。预冷方式有风冷和0.5 ~ 1℃水冷。

八、病虫害防治

（一）病害防治

防治桃树主要病害，应注意健体栽培，适时清园，萌芽前喷施3 ~ 5波美度石硫合剂。桃树主要病害及防治措施见表5-5和图5-21至图5-24。

表5-5　主要病害及防治措施

病害名称	危害症状	发生特点	防治措施
穿孔病	叶穿孔早落，病果现褐色、凹陷病斑	细菌性穿孔病为主，褐斑穿孔病呈上升趋势	喷施20%噻菌铜800倍液，或20%噻枯唑500倍液
流胶病	枝干、果实流胶	侵染性流胶病5月上旬至6月上旬、8月上旬至9月上旬为发病高峰	喷施70%甲基硫菌灵700倍液，或40%氟硅唑5 000倍液
腐烂病	枝干树皮腐烂	4-6月发病最重	喷施刮除病斑＋涂抹843康复剂原液
疮痂病	果实龟裂	7-8月为发病盛期	喷施60%吡唑醚菌酯·代森联水分散粒剂1 000倍液
褐腐病	果肉变褐软腐	接近成熟期发病最重	喷施25%吡唑醚菌酯2 500倍液，或50%腐霉利1 000 ~ 2 000倍液
炭疽病	危害果实、叶片、新梢	发病最适温度25℃	喷施80%炭疽福美500倍液，或25%嘧菌酯悬浮剂800 ~ 1 000倍液

病害名称	危害症状	发生特点	防治措施
白粉病	叶面布白色粉状物	病菌对硫及硫制剂敏感	喷施20%粉锈宁乳油3 000倍液，或50%甲基硫菌灵800倍液
根癌病	癌瘤	细菌性病害，发育最适温度22℃，最适pH为7.3	避免重茬，栽前用k84蘸根，或癌瘤切后用100倍硫酸铜溶液或1～3倍k84或涂波尔多液保护

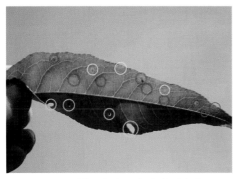

图5-21　桃褐斑穿孔病叶片受害状
（图中红色表示初侵染，黄色表示发病初期，
紫色表示发病期，绿色表示发病后期，
蓝色表示形成穿孔）

图5-22　桃穿孔病危害果实状

图5-23　桃炭疽病危害果实状

图5-24　桃疮痂病危害果实状

（二）虫害防治

防治桃树虫害可用5波美度石硫合剂清园；设置杀虫灯、粘虫板捕杀害虫，配置糖醋液、诱剂等诱杀害虫；或采用果实套袋减轻虫害发生。桃树主要虫害及防治方法见表5-6和图5-25至图5-29。

表5-6　主要虫害及防治措施

害虫	症状	发生特点	防治措施
蚜虫	叶片卷曲，落叶	一年10～20代	喷施50%氟啶虫胺腈10 000～12 000倍液，或22.4%螺虫乙酯4 000～5 000倍液等
螨类	刺吸叶片汁液	一年7～9代，二斑叶螨12～15代	喷施24%螺螨酯悬浮剂3 000倍液，或5%噻螨酮乳油1 500倍液等
梨小食心虫	蛀食梢（折梢）和果实	一年4～5代	喷施35%氯虫苯甲酰胺8 000倍液，或2.5%高效氟氯氰菊酯乳油1 500～3 000倍液等
桃蛀螟	蛀食果实	一年3代	喷施35%氯虫苯甲酰胺8 000倍液，或2.5%溴氰菊酯乳油2 000～3 000倍液等
桃小食心虫	蛀果成"豆沙馅"	一年2代	用毒死蜱毒土毒杀，或喷施35%氯虫苯甲酰胺8 000倍液，20%虫酰肼乳油1 500倍液等
介壳虫	吸食枝干汁液	桃球蚧一年1代，桑白蚧2代，康氏粉蚧2～3代	喷施22.4%螺虫乙酯3 000～5 000倍液，或25%噻嗪酮1 500～2 000倍液
红颈天牛	钻蛀枝干	2～3年1代	用毒棉球（毒死蜱）堵塞虫孔，或喷施40%毒死蜱乳油800倍液
桃潜叶蛾	潜食叶肉组织	一年7～8代	喷施20%杀铃脲悬浮剂6 000～8 000倍液
金龟子	吃食叶片	一年1代	用毒死蜱毒土毒杀幼虫，或喷施40%毒死蜱乳油300～500倍液
桃小绿叶蝉	吸食枝、梢、叶的汁液	一年3～6代	喷施10%吡虫啉可湿性粉剂4 000倍液，或5%高效氯氰菊酯乳油2 000～3 000倍液等
果蝇	蛀食果肉	黑腹果蝇一年10～11代，斑翅果蝇3～10代	地面喷施20%灭蝇胺800倍液，或2.5%高效氯氰菊酯乳油2 000～4 000倍液，或800倍液100亿孢子/毫升短稳杆菌悬浮剂等

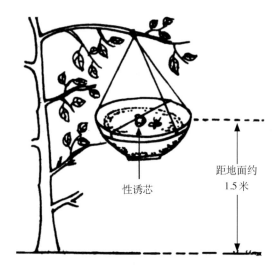

图5-25 糖醋液诱杀害虫

性诱芯

距地面约
1.5米

图5-26 梨小食心虫危害桃梢

图5-27 迷向丝防治梨小食心虫

图5-28 果蝇危害秋彤果实状

图5-29 诱杀果蝇

主要参考文献

孙瑞红, 李萍, 2017. 图说桃病虫害诊断与防治 [M]. 北京：机械工业出版社.

汪景彦, 崔金涛, 2016. 图说桃主干形高效栽培关键技术 [M]. 北京：机械工业出版社.

王鹏, 许领军, 吕中伟, 2011. 桃主干形速丰栽培新技术 [M]. 北京：化学工业出版社.

王志远, 管恩桦, 王艳莹, 2015. 现代园艺生产技术 [M]. 北京：中国农业科学技术出版社.

杨普云, 苏敏, 李萍, 2017. 果树害虫性信息素迷向技术 [M]. 北京：中国农业出版社.

张安宁, 2014. 桃省工高效栽培技术 [M]. 北京：金盾出版社.

赵锦彪, 管恩桦, 张雷, 2007. 桃标准化生产 [M]. 北京：中国农业出版社.

赵锦彪, 王信远, 管恩桦, 2010. 果品商品化处理及全球买卖 [M]. 北京：中国农业出版社.

赵锦彪, 段伦才, 管恩桦, 2013. 桃生产配套技术手册 [M]. 北京：中国农业出版社.

朱更瑞, 2011. 图说桃高效栽培关键技术 [M]. 北京：金盾出版社.

第六章

大樱桃

一、概述

大樱桃是深受消费者喜爱的鲜食、高档类水果，在填补鲜果市场淡季供应、促进休闲采摘和都市农业发展等方面，起到了重要的作用。露地栽培每亩收入可达2万～10万元，设施栽培每亩收入5万～20万元，大樱桃生产效益显著。据中国园艺学会樱桃分会统计，2017年我国大樱桃栽培面积超过270万亩、产量80余万吨，两者均位居世界第一。种植区域也由环渤海湾地区扩展到南方沿海、西南、西北、东北等25个省份，拉长了鲜果供应期。

（一）根系生物学特性

大樱桃的根系按照来源分为实生根系、茎源根系和根蘖根系。无论哪种根系，都分布较浅，主要分布在20～40厘米土层，不抗旱，更不耐涝，易倒伏。

（二）花芽分化特性

大樱桃花芽分化的时间早、时期集中、进程迅速，花芽在幼果期（谢花后20～25天）开始分化（图6-1）。谢花后80～90天基本完成分化，花器官的发育则一直持续到下一年。不同栽培条件下或不同品种间稍有差异。在花芽分化的温度敏感期，若遇到极端高温，容易产生畸形花（双雌蕊或多雌蕊），从而产生畸形果（图6-2、图6-3）。

图6-1 花芽开始分化

图6-2　畸形花

图6-3　畸形果

（三）开花与授粉特性

大樱桃每个花芽有1～5朵花，当日平均气温达到10℃左右时，花芽开始萌动；达到15℃左右时开始开花。同一品种幼树、旺树花期晚，老树、弱树花期早。生产上多数大樱桃品种自花不结实，建园时需配置授粉树；桑提娜、甜心、艳阳、黑金等自花结实品种可单一品种建园。

（四）树体生长特性

大樱桃顶端优势强，幼树中心领导干中下部叶丛枝容易被抽死干枯，梢端生长势强，甩放后的基部叶丛枝不成花或多年生枝结几年果后死亡光秃（图6-4）。对中心领导干"隔三差五"刻芽、强旺骨干枝

图6-4　中下部叶丛枝干枯

重短截，可促发分枝，削弱生长势，提早成花结果（图6-5、图6-6）。对骨干枝前端的延长枝轻打头，或扣除密集芽、剪除竞争梢，可防止抽梢集中，削弱梢端生长势。

图6-5　中心领导干上刻芽

图6-6　强旺骨干枝重短截促发分枝

（五）果实发育特性

大樱桃果实生长发育期较短，一般为30~60天。果实发育进程可分为第一速长期、硬核期、第二次速长期（果实迅速膨大期）三个时期。硬核期若肥水供应不足，容易造成落果；果实转白至成熟期，遇大雨或灌大水，极易引起裂果（图6-7）。

图6-7　裂果

二、品种选择

生产上的主栽品种有红灯、美早、萨米脱、黑珍珠、早大果等（图6-8至图6-11和表6-1）。主推品种有美早、福晨、福星、布鲁克斯等。选择与主栽品种S基因型不同、花期一致的优良品种作为授粉品种；若S基因型一致，则不能相互授粉，如美早、红灯、岱红。一个园至少要栽培3个品种，主栽品种与授粉品种的比例一般为4∶3∶3；面积大的可适当增加品种数量，错开采收时期。

图6-8　红灯

图6-9　美早

图6-10　萨米脱

图6-11　黑珍珠

表6-1　大樱桃主栽品种的主要特性

主栽品种	树势	果实颜色	平均单果重（克）	风味	成熟期	丰产性	抗逆性	适栽区域
美早	强旺	红色至紫红色	11.6	甜	中熟	中等	花期较耐晚霜	山东、辽宁、北京、山西等地
萨米脱	中庸偏旺	深红色	11.7	甜、微酸	中晚熟	丰产	花期较耐晚霜	山东、辽宁、山西、陕西等地
黑珍珠	中庸	紫黑色	10.3	甜	中晚熟	极丰产	花期耐晚霜能力强，冬季抗冻性好	山东、辽宁、山西、河北等地
红灯	强旺	深红色	9.2	酸甜	早熟	中等	—	山东、辽宁、陕西、河南等地

主栽品种	树势	果实颜色	平均单果重（克）	风味	成熟期	丰产性	抗逆性	适栽区域
早大果	中庸	紫红色	10.5	酸甜	早熟	丰产	花期较耐晚霜	山东、辽宁、河南、山西等地
福晨	中庸	深红色	9.7	甜	极早熟	极丰产	花期耐晚霜能力强，冬季抗冻性好	山东、山西、陕西、河南等地
福星	中庸	红色至紫红色	11.8	酸甜	中熟	丰产	—	山东、山西、河南、河北等地

三、栽植和树形培养

（一）栽植前土壤改良与整地

栽植前，每亩撒施发酵的牛粪4 000千克或生物鸡粪2 000千克以上改良土壤，增加土壤透气性；对于酸性土壤，每亩加施硅钙钾镁土壤调理剂400～500千克。根据确定的株行距，如细长纺锤形一般为2米×4米，自由纺锤形一般为3米×（4～4.5）米，修筑台田或大垄，高度40厘米左右，南方雨水多的地区应提高到50～60厘米。丘陵梯田整成中间高、行间低的大垄，高度30～40厘米（图6-12至图6-14）。

图6-12　细长纺锤形

图6-13　自由纺锤形

图6-14　起台栽培

（二）栽植时期与方法

春季土壤解冻后尽早栽植。栽植前，修整苗木根系，并在2倍K84液中蘸根。栽植时，挖小穴、不施肥（防止果农施底肥烧根），栽植深度比苗木圃内深度略深3～5厘米。栽后灌水，扶直苗木，地面干燥后修整地面，可在树盘覆盖黑色地膜保墒。枝条充实的二年生优质苗木和多年生分枝苗木，也可于秋冬苗木落叶后栽植。

（三）树形培养

以春季栽植的定干苗木培养细长纺锤形为例。

1.第一年，培养健壮强旺的中心领导枝　早春苗木栽植后，高度1.5米以上优质苗木留1.1～1.2米定干，扣除剪口下第二至四个芽，保留第五个芽，扣除第六至八个芽，保留第九个芽；其下每隔7～10厘米刻一芽，距地面70厘米以下芽不做任何处理。当侧生新梢长到40厘米左右时，捋枝至下垂，控制其生长，促使中心领导梢快速生长。

2.第二年，促使中心领导枝萌发更多下垂状态的侧生枝　萌芽前，中心领导枝轻剪头，其他侧生枝留1个芽极重短截；芽体萌动时，对中心领导枝每隔5～7厘米进行刻芽（图6-15）。萌芽1个月后，对中心领导梢附近的竞争梢留2～5个芽短截，控制竞争梢（图6-16）。萌芽2个月后，当中心领导干上的侧生新梢长至80厘米左右时，捋梢或按压新梢至下垂（图6-17）；对中心领导梢自然萌发的二次梢进行捋枝，使之呈下垂状态。萌芽3个月后，对侧生新梢的上翘生长部分进行拧梢，使新梢上翘部呈下垂状态，控制冠径，保持枝条充实（图6-18、图6-19）。

图6-15　中心领导枝刻芽后
　　　　发枝状

图6-16　短截竞争梢

图6-17　捋梢或按压新梢开角

图6-18　新梢前端上翘

图6-19　新梢前端上翘部分拧梢

3.第三年，促花芽，中心领导枝继续抽生侧生枝　早春芽萌动时，对中心领导枝每隔5～7厘米进行刻芽，对萌发的侧生新梢整形管理同上一年。对中心领导干上缺枝的地方，看是否有叶丛短枝，在叶丛短枝上方刻芽促发侧生枝。对上一年中心领导干上萌发的侧生枝甩放，促其形成大量的叶丛花枝；对个别角度较小的侧生枝，拉枝开张，使其呈下垂状态。

4.第四年，控树高，控背上枝，控侧生枝　早春，在树体上部有分枝处落头开心，保持树高2.8米左右；在规定树高位置无分枝的，可任其生长一年，翌年落头开心。对侧生枝（骨干枝）背上萌发的新梢及延长头上的侧生新梢，根据空间大小，或及早疏除，或及早扭梢，或留5～7片大叶摘心控制，保持骨干枝前部单轴延伸。第四年结果状见图6-20。

图6-20　第四年结果状

树体成形后，生长季节及时疏除树体上部骨干枝背上萌发的直立新梢，防止上强。

四、土肥水管理

苗木栽植当年的主要工作是浇水，前期（6月底前）多浇水，3月中旬至

72

4月底浇4次，5月、6月各浇2次，9–10月特别干旱时浇2～3次，封冻前（12月上、中旬）浇封冻水。为了促进苗木快速生长，在7–8月结合浇水撒施尿素3次，每次每株50～100克，或冲施黄腐酸钾。

盛果期樱桃园，萌芽前追施水溶性硝酸铵钙0.25千克/株（弱树0.5千克/株），花期喷施优质的硼肥和中微量元素肥。谢花后冲施1～2次硅肥，10～15千克/亩；每7～10天喷施一次800倍液腐殖酸类、含钛等多种微量元素的叶面肥或600倍液水溶性氨基酸钙，喷3～4次。8月中、下旬施基肥，有机肥20～40千克/株、复合肥（17-17-17）1～2千克/株、土壤调理剂0.5～1千克/株（单独施）、硫酸亚铁0.5～1千克/株。10月中旬至11月上旬，喷施生物氨基酸及含钛等多种微量元素的叶面肥、尿素（1%～2%）、赤霉素（20～30毫克/千克），提高树体贮藏营养。

盛果期樱桃园灌水最好采用滴管或喷灌，灌水主要时期有萌芽前、花萼脱落期、果实膨大期、果实转色期、采收后、施肥后及土壤封冻前（封冻水）。

五、整形修剪

盛果期大樱桃修剪的主要任务是保持树势中庸健壮、冠层内部通风透光良好，从而获得优质、丰产、稳产。

进入盛果期后，对树势中庸和偏旺的树，新梢长至10～15厘米时尽早摘心，控制新梢生长量，减少营养生长，促进幼果早期生长和花芽分化，树势旺的可连续摘心2次。果实采收后，及时疏除遮光的发育枝、密集大枝、三叉或五叉头枝，确保结果枝有充足的光照，提高花芽质量。冬季修剪时，适当控制骨干延长枝的生长势，促进中下部不断萌发新枝，防止树冠内光秃；疏除弱的叶丛花枝，对花量大、生长细弱的中短果枝适当短截；若后部的结果枝组和结果枝长势良好，结果能力强，可缓放或继续选留壮枝延伸，反之应回缩。

六、花果管理

（一）辅助授粉

开花前3天，果园释放壁蜂300～500头/亩，或初花期释放蜜蜂2箱/亩。大棚樱桃放蜜蜂为好。

（二）控制产量

优质果品生产应将产量控制在1 100～1 300千克/亩，最好不要超过

1 500千克/亩。谢花后及时浇水，可提高坐果率，每延迟1天坐果率下降10%～15%。休眠期修剪时，剪除弱的结果枝及过多的花，保留优质的结果枝，并分布均匀；在不受晚霜危害的情况下，疏除晚茬小果，减少营养消耗，保障养分集中供给（图6-21、图6-22）。弱树坐果多、旺树坐果少，也可通过肥水管理等农艺措施培养中庸健壮的树体，稳定花量。生产优质大果，树体外围新梢长度需达到40～60厘米；对于美早，外围新梢长度维持在25～40厘米范围内较好。

图6-21　疏果前

图6-22　疏果后

（三）适时采收

过早采收是目前大樱桃生产中的通病，导致果个小、风味淡；采收过晚，果肉变软，不耐贮运，货架期短。适时采收是提高果实品质、保障果品优价的重要措施，果实成熟前7～10天，是果个膨大、甜度增加最明显的时期。如山东烟台地区露天栽培条件下，6月10日采收（果农普遍6月3日采收）的美早，比6月3日采收单果重增加20%以上，可溶性固形物含量达18%以上。适时采收的果实的外观特征为：深红色至紫红色，纵径和横径明显增加，果肩隆起，缝合线部位凸起明显（图6-23、图6-24）。

图6-23　果肩隆起

图6-24　缝合线部位凸起

七、设施栽培

设施栽培，打破了大樱桃生产的地域限制，实现了在次适宜区和非适宜区的安全、优质生产，扩大了种植区域；可使成熟期提前30~80天，填补了早期鲜果市场空白；避免了晚霜冻害、雨害、雹灾等自然灾害造成的严重减产，保障了丰产、稳产和安全生产。主要采用日光温室（大连地区为主）和塑料大棚（烟台、潍坊、泰安等地）进行促成栽培，提早上市；采用避雨防霜棚预防晚霜冻害和裂果（图6-25至图6-27）。

图6-25　日光温室　　　　　　　　　图6-26　塑料大棚

图6-27　避雨防霜棚

八、病虫害防治

大樱桃病害主要有褐斑病、穿孔病、流胶病、根瘤病、根颈腐烂病、干腐病等，主要虫害有果蝇、绿盲蝽、梨网蝽、红颈天牛、红蜘蛛、桑白蚧等，主要病虫害防治见表6-2。

表6-2　大樱桃病虫害防治

时期/物候期	防治对象	防治方法
萌芽期	褐斑病、穿孔病、流胶病、干腐病、介壳虫、螨类等	喷施3波美度石硫合剂
花萼脱落后	穿孔病、褐斑病、绿盲蝽、梨小食心虫等	喷施30%苯醚甲环唑4 000倍液，或5%联苯菊酯600～800倍液
转色期（红色品种刚发红时）	褐腐病、褐斑病、穿孔病、绿盲蝽、介壳虫、红蜘蛛、果蝇等	喷施30%苯醚甲环唑4 000倍液，或5%联苯菊酯600～800倍液，25%三唑锡可湿性粉剂1 000～1 200倍液，40%毒死蜱800倍液，25%噻嗪酮可湿性粉剂1 000～1 200倍液
成熟前7～10天	果蝇等	喷施10%虫螨腈（除尽）1 500～2 000倍液
7月上旬至8月中旬	褐斑病、穿孔病、卷叶虫、刺蛾等	喷施30%苯醚甲环唑4 000倍液，或43%戊唑醇3 000～3 500倍液，40%毒死蜱1 000～1 200倍液，25%三唑锡可湿性粉剂1 000～1 200倍液，25%噻嗪酮可湿性粉剂1 000～1 200倍液。涝雨季节，喷1～2遍波尔多液

主要参考文献

韩凤珠，赵岩，2017. 甜樱桃优质高效生产技术 . 2版 [M]. 北京：化学工业出版社 .

李芳东，王玉霞，康立权，等，2018. 采收时期对美早大樱桃果实品质的影响 [J]. 烟台果树（2）：9-11.

刘美英，张福兴，孙庆田，等，2013. 甜樱桃细长纺锤形标准化树体结构与修剪技术 [J]. 中国果树（2）：48-49.

王玉霞，李芳东，沈颖，等，2018. 氨基酸叶面肥在大樱桃上的应用初报 [J]. 烟台果树（4）：9-10.

王玉霞，李芳东，张福兴，等，2018a. 丘陵山地甜樱桃园简易肥水一体化灌溉系统及应用效果 [J]. 烟台果树（1）：32-33.

王玉霞，李芳东，张福兴，等，2018b. 疏花疏果对大樱桃果实品质的影响 [J]. 烟台果树（2）：11-12.

张福兴，2014. 大樱桃品种、砧木与生产关键技术 [M]. 北京：中国农业出版社 .

第七章

草 莓

一、概述

草莓是蔷薇科草莓属多年生草本植物，果实柔软多汁、酸甜适口、营养丰富，在世界范围内广泛种植。目前，促成栽培是我国草莓生产最主要的栽培形式，其具有鲜果上市早、供应期长、产量高、效益好等优点。

二、品种选择

草莓促成栽培选择休眠浅、果实整齐的品种，主要有红颜、章姬、甜查理、艳丽等。

（一）红颜

日本品种。果实长圆锥形，果面鲜红色，有光泽，果肉红色，甜酸适口，香味浓郁，品质优（图7-1）。果实硬度较大，比较耐贮运。休眠浅，早熟，产量较高。抗病性差，高感炭疽病，易感白粉病。

图7-1 红颜

（二）章姬

日本品种。果实长圆锥形，果面红色，略有光泽，果肉淡红色，果心白色（图7-2）。果实含糖量高，含酸量低，口感香甜，品质好。早熟品种，休眠期很短，亩产量可达2 500千克。果实软，不耐运输。抗病性差，极易感白粉病。

（三）甜查理

美国品种。果实圆锥形，果面鲜红色，颜色均匀，有光泽（图7-3）。果肉橙红色，酸甜适口，果实硬度较大，较耐运输。丰产性强，品质差。

图7-2　章姬　　　　　　　　　　　图7-3　甜查理

（四）艳丽

沈阳农业大学自育品种。果实长圆锥形，果形端正，果面平整，鲜红色，光泽度强，外观极其漂亮（图7-4）。风味浓郁，品质优。果实硬度大，耐贮运。亩产量可达2 500千克。抗病性强。

图7-4　艳丽
1.地面起垄栽培　2.高架栽培

三、生产苗（子苗）的田间繁殖与培育

生产苗（子苗）的质量和数量是草莓高产、优质的基础。目前，国内繁育草莓生产苗主要在专用繁殖圃中进行，其具体流程为：种苗选择→整地施肥→定植母株→田间管理→起苗。

春季日平均气温达到10℃以上时定植母株，单行定植在畦中间，株距

50～80厘米（图7-5）。匍匐茎繁殖能力低的品种，每畦栽2行，行距60～80厘米。用于棚室生产的草莓苗，应达到二级苗以上的标准（图7-6、表7-1）。

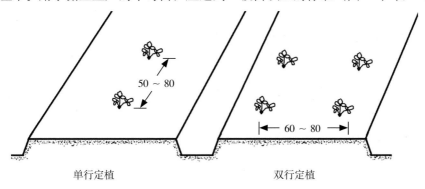

单行定植   双行定植

图7-5　草莓繁苗母株定植方式（单位：厘米）

图7-6　草莓标准苗

表7-1　草莓苗木质量标准

项目	分级	一级	二级
根	初生根数	5条以上	3条以上
	初生根长	7厘米以上	5厘米以上
	根系分布	均匀舒展	均匀舒展
新茎	新茎粗	1厘米以上	0.8厘米以上
	机械伤	无	无
叶	叶片颜色	正常	正常
	成龄叶片	4个以上	3个以上
	叶柄	健壮	健壮
芽	中心芽	饱满	饱满

项目	分级	一级	二级
	虫害	无	无
苗木	病害	无	无
	病毒症状	无	无

四、生产苗（结果苗）的种植及栽培管理

（一）整地做垄

定植前3天整地做垄。做垄前施入氮磷钾复合肥（15-15-15）、生物菌肥。通过旋耕使肥料与土壤均匀混合。做大垄，垄面上宽40～50厘米，下宽60～70厘米，高约30厘米，垄沟宽达20～30厘米，南北走向（图7-7、图7-8）。

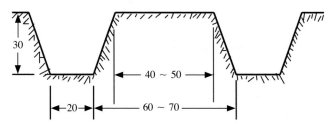

图7-7 促成栽培草莓定植大垄截面图（单位：厘米）

图7-8 日光温室中草莓栽植垄走向

（二）定植

生长势中庸的品种在8月下旬至9月上旬定植假植苗，生长势旺的品

种在9月中旬定植。深度要求"上不埋心、下不露根"（图7-9）。大垄双行定植，株距12～18厘米，小行距25～30厘米，每亩定植7 000～10 000株。定植前保持土壤湿润，定植后及时浇透水，保证植株早缓苗。定植后的前10天最好能盖遮阳网。

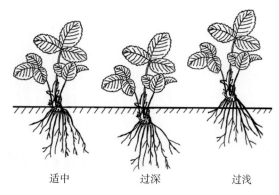

适中　　　　过深　　　　过浅

图7-9　草莓苗定植的适宜深度

（三）扣棚保温及地膜覆盖

一般在外界最低气温降到8～10℃时进行，扣棚后10天左右覆盖地膜。地膜覆盖应在晴天10时以后进行，盖膜后立即破膜提苗。在铺地膜之前把滴灌设备安装好，覆膜后立即浇水。

（四）温湿度管理

主要依靠温室顶部放风调整温湿度（图7-10）。显蕾前白天不超过28℃，夜间15～18℃；显蕾期白天不超过28℃，夜间8～12℃；花期白天不超过25℃，夜间8～10℃；果实成熟期白天不超过25℃，夜间5～10℃。

图7-10　日光温室顶部放风

（五）光照管理

采用灯光照射补光的方法来延长光照时间，每亩安装8瓦LED灯（发光二极管）或100瓦白炽灯30～50个，11月上旬至翌年1月下旬期间，每天放帘子后补光4～6小时（图7-11）。

图7-11　日照温室晚间电灯照射补光

（六）水肥管理

灌溉以"湿而不涝，干而不旱"为原则。可以根据土壤是否湿润或植株叶片边缘是否有吐水现象判断草莓植株是否缺水（图7-12）。如果叶片没有吐水，说明应该灌溉，可采取膜下滴灌方式。

图7-12 草莓叶片吐水现象

追肥与灌水结合进行，每次追施的液体肥料浓度以0.2%～0.4%为宜，注意肥料中氮、磷、钾的合理搭配。追肥时期为顶花序现蕾时、顶花序果实开始转白膨大时、顶花序果实采收前期及顶花序果实采收后期。以后每隔15～20天追肥1次。

（七）植株管理

从定植到采收结束，要及时摘除老叶、病叶，经常进行植株管理工作。

（八）辅助授粉

生产上使用蜜蜂辅助授粉技术来提高草莓果实的商品率（图7-13、图7-14）。每亩日光温室放1～2箱蜜蜂，保证1株草莓有1头以上的蜜蜂。

（九）施用二氧化碳

施用二氧化碳可以增强草莓植株的生长势，增加产量，提高果实品质。目前可通过增施有机肥或温室中吊挂二氧化碳气体释放剂来解决（图7-15）。

图7-13 蜜蜂授粉

图7-14 蜜蜂箱放置方式　　图7-15 温室中吊挂二氧化碳气体释放剂

五、病虫害防治

（一）草莓病虫害防治原则

按照"预防为主，综合防治"的方针，以农业防治为基础，提倡进行生物防治、生态防治和物理防治，根据病虫害发生规律，科学使用化学农药的综合防治措施。

（二）日光温室促成栽培草莓的主要病害及防治方法

1.白粉病

（1）症状。草莓白粉病危害草莓叶、花、果梗和果实（图7-16）。果实受害后失去商品价值。

图7-16　草莓白粉病症状

（2）防治。硫黄熏蒸是预防日光温室中白粉病发生的有效办法。每亩地安装10个电加热硫黄熏蒸器（图7-17）。傍晚将硫黄粉放在电加热的硫黄熏蒸器上，通过电加热使硫黄变成气体挥发，密闭熏蒸4～8小时。每周连续熏2～3天。

图7-17　温室中吊挂的硫黄熏蒸器（红色）

2.灰霉病

（1）症状。草莓灰霉病危害草莓叶、花、果梗和果实（图7-18）。栽植过密、氮肥过多、植株生长过于繁茂、灌水过多、阴雨连绵、空气相对湿度过大时发病严重。

图7-18　草莓灰霉病症状

（2）防治。采用地膜覆盖，避免果实与潮湿土壤直接接触；不可偏施氮肥，防止陡长；注意排水和通风换气，避免空气相对湿度过大。

3.炭疽病

（1）症状。草莓炭疽病危害叶片、叶柄、匍匐茎、根茎和果实，可导致局部病斑和全株萎蔫枯死（图7-19）。

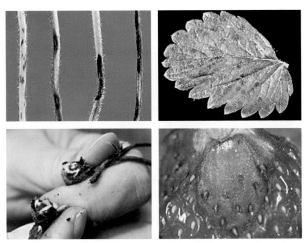

图7-19　草莓炭疽病症状

（2）防治。苗圃地要避免连作，注意及时清除带病植物残体并销毁，夏季采用避雨育苗也可减轻炭疽病的发生。雨季来临之前和雨季要加强炭疽病的药剂防治。

（三）日光温室促成栽培草莓的主要虫害及防治方法

1.螨类

（1）螨类的种类及危害特点　螨类对草莓植株的危害很大，危害草莓的螨类主要有二斑叶螨、朱砂叶螨和侧多食跗线螨等（图7-20）。

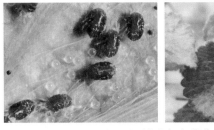

图7-20　螨类危害草莓叶片

（2）防治。放养螨类的天敌如捕食螨（加州新小绥螨）来捕杀害螨是一种最有效的防治方法（图7-21）。捕食螨的释放周期大约为30天。

图 7-21　放养捕食螨（加州新小绥螨）

2. 蚜虫

（1）蚜虫的种类及危害特点。蚜虫对草莓的危害很大，危害草莓的蚜虫主要有桃蚜和草莓根蚜等（图 7-22）。

图 7-22　蚜虫危害草莓叶片

（2）防治。及时摘除老叶，清理园地，消灭杂草；提倡采用诱杀、阻隔及驱避等物理防治。如在棚室放风口处安装防止蚜虫进入的防虫网，采用黄板（每亩 30 ～ 40 块）诱杀法控制棚室内蚜虫的数量（图 7-23）。

3. 白粉虱

（1）白粉虱的种类及危害特

图 7-23　悬挂黄板诱杀蚜虫

点。危害草莓的白粉虱主要有温室白粉虱、鸢尾白粉虱和草莓白粉虱，其中温室白粉虱的危害最为严重（图 7-24）。

图 7-24　白粉虱危害草莓叶片

（2）防治。及时清除老叶、病叶及杂草。在棚室内设置黄板诱杀成虫（方法同蚜虫防治）。有条件的地区在扣棚后可每5天释放丽蚜小蜂成虫3头／株，共释放3次，可有效控制白粉虱危害。

（四）日光温室促成栽培草莓的主要生理病害及防治方法

1.草莓生理性白果　浆果转白后不能正常着色，全部或部分果面呈白色或淡黄色，界限分明（图7-25）。氮肥过多和弱光照是导致白果病发生的主要原因。

图7-25　草莓生理性白果

2.草莓生理性叶烧　叶缘发生茶褐色干枯，一般在成熟叶片上出现（图7-26）。发病的主要原因是由于春夏高温干旱，叶片失水过多，叶缘缺水枯死。施肥过量也会导致该病发生。

3.草莓缺钙症　典型特征是叶片顶端焦化或者显蕾时萼片前端焦化（图7-27）。定植前土施过磷酸钙或钙镁磷肥可有效防治缺钙，叶面喷施钙肥（如0.1%～0.5%氯化钙溶液）可减轻症状。

图7-26　草莓生理性叶烧

图7-27　草莓缺钙症

主要参考文献

李贺，刘月学，马跃，2016.设施草莓栽培技术[M].沈阳：辽宁科学技术出版社.

张志宏，杜国栋，张馨宇，2009.图说草莓棚室高效栽培关键技术[M].北京：金盾出版社.

第八章

石　榴

一、概述

　　石榴为落叶小乔木，叶单生，花两性，果球形（图8-1至图8-4）。喜热畏寒、宜干忌湿、适沙怕黏。依据花发育情况，分完全花、中间花与不完全花。完全花雌蕊高于雄蕊，俗称筒状花或"石榴"，是结果的主要花型；中间花雌蕊与雄蕊持平或略低，如营养充足、温度适宜，也可坐果；不完全花称退化花，钟状，故名钟状花。该类花不能坐果，数量大，果农称其为"幌花"。石榴花类型直接影响石榴鲜果产量、质量，其比例与品种、树势、营养、温度、光照等因素密切相关。生产上应选择完全花比例高的品种作为主栽或授粉品种，加强树体管理，提高完全花比例，以此增加产量。

图8-1　石榴树休眠期

图8-2　石榴树生长期

图8-3　石榴花　　　　　　　　　　　　图8-4　石榴果实

二、品种选择

我国南北产区现有石榴主栽品种20余个，不同主栽品种均有各自的优缺点。因此，大面积栽培前必须加强引种试验，在取得成功的基础上再行发展（表8-1、表8-2，图8-5至图8-8）。

表8-1　我国石榴主产省份主栽品种

省份	主栽石榴品种
新疆	皮亚曼、叶城大籽甜
陕西	净皮甜、御石榴、三白甜、突尼斯软籽（设施栽培为主）
山西	江石榴、突尼斯软籽（设施栽培）
河北	太行红
河南	突尼斯软籽、豫石榴1号、红双喜
山东	秋艳、大青皮甜、大红袍甜、青皮马牙甜、泰山红
安徽	白花玉石籽、红花玉石籽、玛瑙籽、大笨子
云南	突尼斯软籽、甜绿籽、甜光颜、建水红玛瑙、紫美、红如意、白玉石籽
四川	会理青皮软籽、突尼斯软籽石榴

表8-2　我国石榴主栽品种的主要特点

品种	果实	籽粒	抗逆性	适栽区域
叶城大籽甜	红皮类、中大型果	红色、硬籽、味甜	果实抗病性弱	年降水400毫米以下产区

（续）

品种	果实	籽粒	抗逆性	适栽区域
净皮甜	红皮类、中大型果	红色、半软籽、味浓甜	易裂果	年降水400毫米以下产区
御石榴	红皮类、特大型果	红色、硬籽、味酸	果实抗病性弱	年降水400毫米以下产区
突尼斯软籽	青皮类、中型果	红色、软籽、味淡甜	树体抗寒性差	川、滇、豫部分，陕南
秋艳	青皮类、中大型果	红色、硬籽、味甜酸	高抗裂果	南北石榴产区
白玉石籽	白皮类、大型果	白色、硬籽、味甜	果实抗病性弱	南北石榴产区
甜绿籽	粉皮类、中大型果	粉色、半软籽、味甜	树体抗寒性弱	川、滇石榴产区
建水红玛瑙	红皮类、中型果	红色、硬籽、味酸甜	树体抗寒性弱	川、滇石榴产区
会理青皮软籽	青皮类、大型果	红色、半软籽、味甜	树体抗寒性弱	川、滇石榴产区
紫美	紫皮类、大型果	紫色、半软籽、味酸	树体抗寒性弱	秦岭淮河以南石榴产区

图8-5　净皮甜

图8-6　突尼斯软籽

图8-7　秋艳

图8-8　建水红玛瑙

三、苗木培育

（一）支撑育苗

当扦插苗或嫁接苗接穗部分生长至30厘米高时，利用直径约1厘米、高1.5米左右的竹竿，垂直插入扦插苗或嫁接苗附近，并在扦插苗或嫁接苗接穗部分高20厘米处用塑料绳绑缚；待苗木长至60厘米高时，在苗木50厘米高处用塑料绳绑缚；以此类推，直至当年苗木停止生长为止（图8-9）。

图8-9　支撑绑缚育苗

（二）容器育苗

容器育苗即利用塑料、无纺布等材料制成的容器培育石榴苗木。起苗和移栽过程中苗木根系损伤少、成活率高、缓苗期短、发棵快、生长旺盛，对石榴尤为适用（图8-10）。

1　　　　　　　　　　　　　　　2

图8-10　容器育苗
1.无支撑　2.有支撑

（三）嫁接育苗

在冬春季节，选择抗性强、长势旺盛的一年生硬籽甜石榴品种幼苗，从苗圃掘起，作为石榴良种砧木，适当修根、修枝，并用劈接方法嫁接石榴良种，然后定植到大棚或露地苗圃（图8-11）。

图8-11　嫁接育苗

四、建园

（一）提倡纯林经营

新建榴园，建议纯林经营，通过密植栽培、强化管理，走群体增产的道路，提高了前期的产量和效益（图8-12）。

（二）提倡大苗建园

利用二年生或以上大苗建园，可缩短榴园投产时间，节约土地成本，有效降低幼龄期果园管理成本及榴园经营风险，又兼顾育苗者的利益（图8-13）。

图8-12　纯林经营

图8-13　二年生大苗建园当年春天生长情况

（三）提倡起垄栽培

行内起垄能够有效增加榴园活土层厚度，提高旱地榴园土壤水分含量，增强对洪涝及土壤渍害的抵御能力，改善榴园土壤理化、养分、水分环境，实现榴园优质、丰产、高效的目标。栽种之前未起垄的，栽种之后也可以起垄（图8-14）。

（四）提倡分步成园

先栽密、后挖稀，然后分步改造成园，有利于石榴产量和生产效益的提升。这种模式是先栽密，通过群体增产增收，到植株间相互影响、榴园光照条件恶化时，再移栽或间伐改造，创造新的田间群体结构，促进生产效益最大化，使榴园始终维持高效生产（图8-15）。

图8-14 起垄栽培

图8-15 先密后稀、分步改造成园

（五）提倡单干树形

提倡采用主干疏层形、小冠疏层形等单干树形进行种植和整形。3年可成形，5年可丰产，榴园通风透光良好，便于管理，减少投入（图8-16、图8-17）。

图8-16 单干树形　　　图8-17 主干疏层形

（六）提倡宽行窄株

采取宽行（4～5米）窄株（2～2.5米）方式栽培，保持适宜的栽植密度，节约土地，也方便一些小型机械的应用，省工省力，节约水、肥、药的投入，有利于早期丰产、优质高效（图8-18）。

（七）提倡设施栽培

设施栽培在秦岭淮河以北、黄河以南北方传统石榴产区可有效解决石榴秋、冬、春三季冻害问题（图8-19）。

图8-18 宽行窄株栽植　　　图8-19 设施栽培

五、土肥水管理

（一）土壤管理

我国南北石榴产区土壤状况差异较大，因此，应根据果园土壤具体情况采取相应的土壤管理措施。主要进行保持水土、耕翻熟化、树盘培土、中耕除草、间作、覆盖等（图8-20至图8-22）。

图8-20　榴园清耕

图8-21　榴园生草

图8-22　园艺地布覆盖榴园

（二）肥料管理

施肥分基肥、追肥、根外追肥；方法包括环状沟、条状沟、放射沟、穴状施肥，以及穴贮肥水、测土施肥、栽植利用绿肥植物等（图8-23）。

图8-23　条状沟施肥

（三）水分管理

正常年景1年灌水3次，分别是花前水、幼果膨大水、封冻水。灌水方法有沟灌、盘灌、穴灌、喷灌、滴灌、漫灌，应依据水源等情况而定。

六、整形修剪

改多干树形为单干树形，改金字塔树形为倒金字塔树形或伞形树形；改冬春夏秋四季修剪为春、夏修剪为主、秋冬修剪为辅；改撑拉别扭圈、割剥扎绞摘为撸枝、疏枝、除萌；改上稀下密、外稀内密为上密下稀、外密内稀。确保石榴藏在枝叶里，使石榴果实在整个生长期均在树荫下，可有效预防石榴日灼病的发生，见图8-24至8-27。

图8-24　伞形树形

图8-25　倒金字塔树形

图8-26　石榴树夏季修剪前树姿

图8-27　石榴树夏季修剪后树姿

七、花果管理

1. 保花保果　抑制营养生长，做好花前浇水、追肥，喷施叶面肥，人工辅助授粉，果园放蜂，防治病虫害等。

2. 疏花疏果　一方面及早疏除过多败育花蕾及花朵，节省树体营养；另一方面不留或选留头茬果，留足二茬果，疏除三茬果及病虫果；在尽可能叶下留果、均匀留果的前提下，原则上去多留单、去双留单、去畸留正、去小留大、去上留下、去侧留顶、去外留内，以节省树体营养。

3.依树定果　生理落果后，可按每平方厘米树干截面积留1～1.2个果实的标准留果。

4.提倡无袋栽培　选择倒金字塔或伞形树形，以及红皮、紫皮类等抗日灼病品种，实现无袋栽培。

5.防止裂果　主要是选用抗裂果品种，生长期均衡水分供应。

6.适时、分批采摘　合理安排，适时采摘，实现丰产、稳产。

八、病虫害防治

石榴生产常受到病原微生物、生理胁迫、害虫、杂草、霜冻、鸟兽等危害，做好防治工作是石榴生产的重要保证，见表8-3及图8-28至图8-31。

表8-3　石榴主要病虫害及防治方法（黄淮地区）

防治时间	防治对象	防治措施
11月至翌年3月（休眠期）	蚜虫、桃蛀螟、龟蜡蚧、石榴绒蚧，以及干腐病、疮痂病等越冬病虫害	清园：清扫榴园落叶、杂草，刷枝干翘皮，剪除病虫枝，摘除虫茧、虫袋，摘拾树上地下病果、僵果，并集中烧毁 涂干：按生石灰10份、硫黄1份、食盐1份、水30份、植物油少量。配制涂白剂，均匀涂抹树干 喷药：封冻前全园喷3～5波美度石硫合剂，或1∶1∶100波尔多液，消灭越冬菌源；萌芽前，对全树喷3～5波美度石硫合剂＋渗透剂依悦
4月（春梢旺长期）	蚜虫、蓟马、桃小食心虫及根结线虫病等	树上：喷布70%吡虫啉1 500～2 000倍液或其他杀菌剂，防治蚜虫、蓟马 树下：1.8%阿维菌素乳油或其他杀虫剂，于地面喷施并锄松树盘土壤，防治根结线虫病与桃小食心虫等
5月（盛花期）	蚜虫、桃蛀螟、介壳虫等	病害：用50%甲基硫菌灵可湿性粉剂或其他杀菌剂预防各种石榴真菌性病害 虫害：蚜虫可用10%吡虫啉可湿性粉剂2 000倍液，或其他杀虫剂喷杀，同时注意交替用药。介壳虫可于5月中、下旬用速扑杀1 500倍液防治介壳虫。可在榴园内悬挂黑光灯、糖醋液、引诱器或粘虫板等诱杀桃蛀螟、蚜虫、蓟马等害虫之成虫
6月（落花至幼果期）	桃蛀螟、桃小食心虫、龟蜡蚧、石榴巾夜蛾、黄刺蛾以及干腐病、疮痂病等	病害：用甲基硫菌灵或其他杀菌剂防治石榴各种真菌性病害，同时添加尿素、磷酸二氢钾、硼砂等补充树体营养 虫害：喷布4.5%高效氯氰菊酯1 000～1 500倍液，或其他杀虫剂，防治桃蛀螟、桃小食心虫、石榴巾夜蛾、黄刺蛾等

防治时间	防治对象	防治措施
7—8月(果实膨大期)	干腐病、疮痂病、日灼病以及桃蛀螟、桃小食心虫、柑橘小实蝇等	病害：10%苯醚甲环唑1 500～2 000倍液和其他杀菌剂交替使用，每10天左右喷1次 虫害：用40%速扑杀乳油1 000倍液和其他杀虫剂防治桃蛀螟、蓟马、介壳虫、桃小食心虫、柑橘小实蝇等。用甲壳素＋阿维菌素或其他药物防治石榴根结线虫病。榴园悬挂柑橘小实蝇性诱剂诱杀雄成虫
9—10月（果实成熟至落叶期）	柑橘小实蝇、桃蛀螟、蚜虫、蓟马以及干腐病、疮痂病等	病害：10%苯醚甲环唑1 500～2000倍液和其他杀菌剂交替使用，每10天左右喷1次，采收前20天停止用药 虫害：用1.8%阿维菌素乳油800～1 000倍液或其他杀虫剂防治柑橘小实蝇、蓟马等，并及时更换诱杀柑橘小实蝇诱捕器中的诱芯

图8-28　石榴干腐病症状

图8-29　石榴日灼病症状

图8-30　桃蛀螟危害状

图8-31　棉蚜危害状

主要参考文献

曹尚银，侯乐峰，2013.中国果树志：石榴卷 [M].北京：中国林业出版社.

侯乐峰，2018.有机石榴高效生产技术手册 [M].北京：中国农业科学技术出版社.

第九章

蓝　莓

一、概述

　　蓝莓属杜鹃花科越橘属植物。蓝莓为灌木，不同品种间树体大小及形态差异显著。树高0.3～5米，多年丛生，有常绿也有落叶（图9-1）。单叶互生，叶全缘或有锯齿（图9-2）。花冠常呈坛形或铃形。花瓣基部联合，外缘4裂或5裂，白色或粉红色，花序多为总状花序（图9-3）。

　　多数品种成熟时果实呈蓝黑色，部分品种为红色；果实有球形、椭圆形、扁圆形等。平均单果重0.5～2.5g。果肉细软，多浆汁。根系多而纤细，粗壮根少，分布浅，无根毛（图9-4）。

图9-1　落叶型北高丛蓝莓

图9-2　蓝莓叶

图9-3　蓝莓花

图9-4　蓝莓根系

二、品种选择

蓝莓品种选择应满足适应性强、丰产性好、商品价值高和抗逆性强等基本条件。蓝莓主栽品种特点见表9-1与图9-5至图9-8。

表9-1　蓝莓常见主栽品种

种类	主栽品种	果实			抗逆性	适栽区域
		成熟期	大小	果实特性		
北高丛蓝莓	蓝丰	中熟	大	亮蓝色，果肉硬，风味极好	抗寒、抗旱	华北地区
	都克	早熟	中	淡蓝色，质硬，甜味大，果粉多	抗寒、抗旱	北方沿海湿润地区及寒地
	伯克利	早熟至中熟	大	果柔软，着生紧密，甜度大，有香味	抗寒、抗旱	北方沿海湿润地区及寒地
南高丛蓝莓	薄雾	极早熟	大	果肉硬，酸度中，风味好	喜湿润	黄河以南地区
	奥尼尔	极早熟	大	暗蓝色，果肉硬，甜度大	耐热	黄河以南地区
半高丛蓝莓	北蓝	晚熟	大	暗蓝色，风味佳，耐贮藏	抗寒	北方寒冷地区
	北陆	早熟至中熟	中	果粉多，果硬，果味好	耐寒	北方寒冷地区
兔眼蓝莓	园蓝	中晚熟	中	果肉硬，淡蓝色，果味甜	抗湿热，抗旱	长江流域以南、华南等地区的丘陵地带
	粉蓝	晚熟	中	天蓝色，果肉硬，口味极佳	抗湿热，抗旱	长江流域以南、华南等地区的丘陵地带

图9-5 蓝丰

图9-6 都克

图9-7 伯克利

图9-8 奥尼尔

三、栽植和树形培养

蓝莓栽植宜选择土壤疏松、肥沃、排水性能好、湿润但不积水的地方建园。蓝莓生长需酸性土壤条件，栽培蓝莓的关键是要进行土壤改良，调节土壤pH至5左右，土壤有机质含量不低于5%。

蓝莓春、秋栽植均可，秋栽成活率高，春栽则宜早不宜晚。初冬前应开好定植沟或挖好定植穴，定植沟宽50厘米，深45～50厘米；定植穴上口直径50厘米，深达45～50厘米。掺入泥炭或腐熟的碎树皮、干草、锯屑等，上面盖10厘米左右的土。定植株行距，兔眼蓝莓常用2米×2米或1.5米×3米，高丛蓝莓用1.2米×2米，矮丛蓝莓用（0.5～1）米×1米。兔眼蓝莓自花不实，最好配置高丛蓝莓作授粉品种。高丛和矮丛蓝莓自花结果率较高，但配置授粉树可提高果实品质和产量。配置方式采用主栽品种与授粉品种（4～5）：1栽植。定植后按需灌溉，2个月内应避免施肥。

蓝莓树形培养总的原则是使树冠离开地面，尽量占用较大的有效空间，又能保证树冠的各部分能接受到足够的阳光，达到立体结果的效果。

四、土肥水管理

蓝莓栽植后树盘覆盖有机物可改善土壤结构、控制杂草、增强对土壤水分的调节，材料优选锯末，覆盖厚度为5～8厘米，亦可选取树叶、稻草、松针及其他作物秸秆等（图9-9）。

蓝莓园要慎用或不用除草剂，最好采用机械除草和人工除草相结合，同时可利用防草布防草（图9-10）。

图9-9　蓝莓园覆盖秸秆　　　　图9-10　蓝莓园覆盖防草布

行间种植苜蓿、车轴草（三叶草）、箭筈豌豆、黑麦草、狗牙根等可提高产量、保持土壤湿度、调节土壤温度（图9-11）。

施氮、磷、钾复合肥比施单一肥料效果好；氮、磷、钾肥三者的比例以1：1：1为宜；以施硫酸铵等铵态氮肥为佳，不宜施硝态氮肥；蓝莓对氯敏感，不要选用氯化铵、氯化钾等含氯肥料。灌溉水最好用水库或池塘水，也可以用地下水（井水）。灌溉用水如pH过高，则应调至蓝莓生长所需水平。在有滴灌条件的果园，可采用营养液滴灌施肥方式（图9-12）。

图9-11　蓝莓园行间种植车轴草　　　图9-12　蓝莓园滴灌

五、修剪

（一）常用的修剪手法

1.长放　长放是指对一年生枝条不予修剪。长放用在生长势强的枝条上，其顶端可以结一串果实，其下部可以萌发较多的长势中庸的新梢。长放是幼树快速成型和成年树结果枝组更新培养的基本手法。

2.疏剪　疏剪是指将枝条或枝组从基部剪除。疏剪可以促进被剪枝在空间上相邻的枝条或枝组的生长和开花结果。

3.短截　短截是将一年生枝剪去一部分的修剪手法。短截后，剪口以下的侧芽抽生的枝条长势加强，而数量比长放时减少。另外，短截后往往同时除掉了花芽，使结果数量减少，促进营养生长。

4.回缩　回缩是指对二年生或二年生以上的枝条进行短截。回缩与短截的区别是剪口在二年生以上部位，回缩可以刺激剪后部分枝条的生长，起到更新复壮的作用。

5.抹芽　用手或枝剪将植株的萌芽和花芽抹除或剪除，一般对幼树或花芽过多的成年植株进行抹花芽。

（二）修剪时期

可分为休眠期修剪和生长季修剪。应以休眠期为主，修剪量相对较大；生长季修剪为辅，修剪宜轻。

（三）修剪技术

1.树形　应采用丛状型树形。

2.幼树期修剪　幼树期修剪以扩大树冠为原则。冬季修剪以去除下部弱枝、下垂枝、过密枝、重叠枝为主，对树势较弱的树，抹掉一年生枝条上的花芽（图9-13、图9-14）。生长季对部分徒长枝进行短截，促进分枝的形成。

3.初果期修剪　修剪以少量结果兼顾树冠扩大为原则。去除弱枝，保留中庸枝及部分较强枝用于结果。

4.盛果期修剪　控制树冠，回缩或短截树冠间交叉枝。除去衰弱枝，保留强壮枝作为结果枝，利用短截使结果枝的花芽串长度控制在20厘米以内。根据不同品种的结果量，冬季修剪时合理选留花芽，花后复剪时根据坐果情况及新梢抽生情况最终确定留果量。夏季合理选留萌叶新枝，逐步更新衰老的成年大枝，保持树冠和产量的相对稳定。

图9-13 疏除弱小枝条前　　　　　图9-14 疏除弱小枝条后

六、花果管理

蓝莓花量大时须进行疏花，或疏除整个花序。结果枝应有足够的叶片，满足果实生长发育所需营养，确保果实品质。为保证果实品质，结果量高时应疏除部分果实，一般以叶果比（4～5）：1宜。蓝莓主要靠昆虫授粉，授粉昆虫主要有蜜蜂和大黄蜂。在开花授粉期，应避免使用杀虫剂，确保昆虫授粉效果，同时可人工放蜂提高坐果率。

在初花期和幼果期叶面喷施0.1%尿素＋0.2%磷酸二氢钾＋0.2%硼酸各1次，可有效提高坐果率。盛花期喷施20毫克/升的赤霉素提高坐果率，并促使果实成熟期提前。

矮丛蓝莓果实成熟期较一致，且早熟果实不易脱落，可待果实全部成熟后统一采收。高丛蓝莓果实成熟期不一致，一般采收期持续20～30天，通常每周采1次。鲜食果实优选人工采摘，用于加工的果实可选用机械采收。

七、病虫害防治

蓝莓病虫害防治应以预防为主，药物防治为辅，通过加强田间管理预防病虫害发生。常见病虫害及其防治见表9-2及图9-15至图9-22。

表9-2　蓝莓常见病虫害及防治方法

病虫害种类	发生时期	症状	防治方法
炭疽病	萌芽期至成熟期	幼嫩枝病部黑褐色，子实体同心轮纹状排列。叶片染病形成棕红色、边界明显的病斑。在果实上形成凹陷状斑	选用抗病品种，改进栽培技术。喷施保护性药剂甲基硫菌灵或百菌清，及时剪除病枝、病叶

（续）

病虫害种类	发生时期	症状	防治方法
枝枯病	萌芽期至幼果期	危害二、三年生幼树主干及侧枝，受害枝条病部的木质部表面变为棕色或黄褐色，组织坏死，可蔓延至整个枝条，感病枝条上的叶片枯死	感染病害枝条修剪后立即销毁，选用抗病品种
根腐病	萌芽期至幼果期	长势慢，无新枝新叶，叶子变黄变红，细小根部坏死。后期根部、茎部变色，叶子掉光，导致植株病死	选用无菌苗木，保证排水系统良好，水分适宜，根部覆盖有机质
金龟子	花期至成熟期	幼虫（蛴螬）危害根部，成虫危害叶片	4月初使用白僵菌药汁或辛硫磷药液对根部浇灌。对成虫进行灯光诱杀
蚜虫	花期	吸吮芽中汁液。花畸形不坐果。受害果部分发育且果皮变粗。果实变红，水泡状，停止发育	喷施苦参碱和印楝素等。养殖蚜虫的天敌
果蝇	成熟期	成虫产卵于成熟或近成熟果实皮下，孵化幼虫蛀果危害	清洁田园，适时快采，清除落地果，用甲基丁香油或糖醋液诱杀

图9-15 蓝莓炭疽病症状

图9-16 蓝莓枝枯病症状

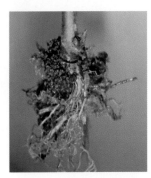

图9-17 蓝莓根腐病症状

1

2

图9-18 金龟子危害蓝莓状
1.幼虫 2.成虫

图9-19 蚜虫危害蓝莓状

图9-20　果蝇危害蓝莓状

图9-21　灯光诱杀

图9-22　糖醋液诱杀

主要参考文献

高勇, 郑建立, 董克锋, 等, 2017. 山东半岛露天蓝莓栽培管理及病虫害防治历[J]. 落叶果树, 49（2）: 54-55.

郝陆真, 2018. 蓝莓品种的特征特性及栽培管理技术[J]. 农业科技资讯（4）: 307-309.

李亚东, 2007. 蓝莓优质丰产栽培技术[M]. 北京: 中国三峡出版社.

唐黎标, 2016. 蓝莓栽培技术要点[J]. 四川农业科技（5）: 14-15.

王贺春, 2013. 蓝莓冬季修剪技术[J]. 北方园艺（13）: 58-61.

王连润, 刘家迅, 高正清, 等, 2018. 蓝莓果期虫害调查及防治方法研究[J]. 落叶果树, 46（19）: 146-147, 178.

王少希, 杨伟, 周丽恒, 2018. 蓝莓的生物学特征及水肥一体化栽培技术[J]. 现代农业科技（2）: 75.

王媛媛, 2018. 蓝莓整形修剪与病虫害防治技术探讨[J]. 绿色科技（9）: 72-73.

於虹, 2016. 蓝莓高产栽培整形与修剪图解[M]. 北京: 化学工业出版社.

张东升, 2011. 蓝莓丰产栽培实用技术[M]. 北京: 中国林业出版社.

第十章

无花果

一、概述

无花果又名蜜果、映日果、奶浆果，因其花隐于果内，外观只见果不见花而得名，为桑科榕属，多年生亚热带落叶果树。无花果喜温暖湿润的海洋性气候，喜光、喜肥，不耐寒，不抗涝，较耐干旱。我国各地均有栽培，以新疆、山东、江苏、浙江等地种植较多。

无花果的生长势强，根、茎、枝、叶均有乳管能分泌白色乳汁，花单性，埋藏于隐头花序中，果实是由花托及小花膨大形成的聚合果，单花及由其发育的瘦果隐生于肉质花托内部（图10-1）。每个新梢均可成为结果枝，每个叶腋几乎都是结果部位。凡在上一年生枝的腋芽上长出的果实，称为夏果，果个大，产量少；在当年生枝条上接的果实称为秋果，果个小，结果时间长，数量多，产量高（图10-2、图10-3）。根系发达，无主根，多须根（图

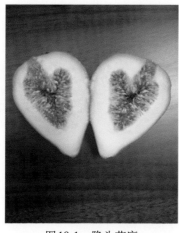

图10-1　隐头花序

图10-2　夏果结果状

10-4）。果实形状有扁圆形、球形、梨形或坛形等多种；果皮颜色有绿、黄、红以及深紫等多样。

图 10-3　秋果结果状　　　　　图 10-4　无花果根系

二、品种选择

无花果品种较多，选择栽培品种时应当以满足市场需求为目的。销售鲜果应当选择果个大、品质好、耐贮运的品种；生产加工应当选择大小适中、色泽较淡、可溶性固形物含量高的品种；在寒冷地区栽植，要考虑抗寒的品种，避免冻害，如青皮、布兰瑞克等。主栽品种见表10-1及图10-5至图10-8。

表 10-1　无花果主栽品种

主栽品种	果实			抗逆性	成熟期	适栽区域
	形状	大小	果实特性			
青皮	果实扁圆，倒圆锥形	中大	果皮熟后黄绿色，果肉紫红色，果目小，含糖量高，品质佳	抗寒、抗旱	夏果6月底成熟，秋果8月初至10月下旬陆续成熟，丰产性强	适应华东、华南及沿海滩地区发展，南方栽培注意控制旺长
布兰瑞克	果形不整，长卵圆形斜偏一方	中大	熟后黄褐色，果顶不开裂，果实中空，果肉琥珀色到淡粉红色，含糖量高，品质佳	抗寒、抗逆性强	夏果7月上、中旬成熟，秋果8月中旬至10月下旬陆续成熟，极丰产	华东、华南及沿海滩地区发展
玛斯义·陶芬	长卵形	大	果皮薄而韧，皮色紫红至褐色，果肉桃红色，品质佳	抗寒性差	成龄树约有70%的果集中在8-9月成熟，丰产	适宜长江以南地区栽培

主栽品种	果实			抗逆性	成熟期	适栽区域
	形状	大小	果实特性			
波姬红	长卵圆形或长圆锥形	大	果皮鲜红色或紫红色，果肉红色或浅红色，品质口感极佳	抗寒性差，耐盐	以秋果为主，8月中旬至10月下旬陆续成熟	适宜华东以及长江以南地区栽培
金傲芬	卵圆形	大	果皮金黄色，有光泽，似涂蜡质。果肉淡黄色，致密，鲜食风味极佳，品质上等	较耐寒，抗逆性强	7月下旬至10月下旬成熟，条件适宜时可延长至12月，极丰产	适宜华东以及长江以南地区栽培
新疆早黄	扁圆形，两端平	中大	全熟后果皮呈黄色，有白色椭圆形果点，果目不开裂，果肉草莓红色，风味浓甜，品质上等	耐寒性比较强	夏果7月中旬成熟，秋果8月中旬至9月下旬成熟	适宜新疆南部地区生长，在华东、华南地区表现为徒长、结果少、成熟期推迟
日本紫果	果扁圆卵形	中等	成熟果皮深紫红色，果皮薄，韧度大，易产生糖液外溢现象，果肉鲜红色、致密、汁多、甜酸适度	较耐寒，耐高温	秋果8月中旬至10月下旬成熟	适宜长江以南地区种植
中国紫果	近圆形	中等	成熟后紫红色，果顶易开裂，果肉淡黄色，风味浓郁	耐阴	夏果7月中旬成熟，秋果8月中旬至10月下旬成熟	树冠矮小，枝条节间短，盆栽无花果专用品种
丰产黄	卵圆形	中等	果皮黄绿色，有光泽，果柄短，果肉致密，浅草莓色或琥珀色，味浓甜	较耐寒，树体较耐修剪	夏果7月下旬成熟，秋果8月中旬至10月下旬陆续成熟	适宜华东、华南地区栽培，是加工制干、糖渍和罐藏专用品种
中农红	长卵圆形	中等	果皮黄绿或浅绿色，果肉红色、汁多、味甜，品质极佳	较耐寒	果熟期7月下旬至10月下旬陆续成熟，丰产性能特别强	适宜华东、华南地区栽培

图10-5　青皮　　　　　　　　　　图10-6　玛斯义·陶芬

图10-7　波姬红　　　　　　　　　图10-8　日本紫果

三、栽植和树形培养

　　无花果抗旱不抗涝，喜光不耐寒，不耐贮运，且采收期长，因此在园地选择时应特别考虑到选址的气温、地势、地下水位以及采摘、运输的便利等因素。园地一般选择土质深厚肥沃、排水良好、pH 7.2 ～ 7.5的沙壤土。坡地种植应选择向阳面，保障果实糖分积累，且土壤增温快，有利于保护树体越冬。

　　无花果栽植密度取决于选择的树形结构。采用灌木丛生型的栽植方式，株距较小，可以选择1 ～ 3米；如果采用乔化的栽植方式，株距可以达到4 ～ 6米；随着矮化密植栽培方式的兴起，株距可以选择2 ～ 3米。

　　无花果以扦插繁殖为主，没有主根，须根多，根系浅。栽植时，应当深挖定植坑，令土壤疏松，浅埋苗木，保证根系透气。定植穴深度50 ～ 70厘米、直径50 ～ 60厘米，穴底部铺垫草或麦秸秆，每穴施入有机肥25 ～ 30千克、过磷酸钙2千克，与土壤混匀。定植后培土压实，灌足底水，在树盘覆草或覆盖防草地布，保墒增温，促进成活（图10-9）。

定植后，根据选用的不同树形进行定干，丛状形15～30厘米定干，X形、Y形、"一"字形、自然开心形30～50厘米定干。无花果定干后，可促进剪口下1～6节发枝，其中剪口下1～2节萌发的枝条生长最为旺盛。

无花果不抗寒，淮河以北地区容易发生冻害，在华北内陆地区如遇−12℃低温新梢易发生冻害，−20℃时地上部分可能死亡，因而冬季防寒极为重要（图10-10）。

图10-9　果园旋耕松土及覆盖防草布　　　　图10-10　冬季覆盖防寒

四、土肥水管理

无花果植株年生长量大，枝条粗壮，叶片肥大，营养生长旺盛，且果实结实率高，当年枝可结果，果实负载量大，对养分需求高。但幼树期要注意不要施肥过多，避免新梢徒长，枝条不充实，耐寒力下降。

基肥施用量占全年施肥量的50%～70%，宜在休眠期施用，通常在叶片脱落前后施入，即每年的10月中旬至12月。在行间或株间挖宽30厘米、深30～50厘米的条状沟或环状沟施入基肥。基肥一般采用有机肥与化肥配合施用方式，以有机肥为主，化肥为辅。

年追肥次数5～7次，夏果及秋果果实迅速生长期之前追肥尤为重要，3月下旬追肥量最大，以氮肥为主，促进萌芽及新梢生长。在果实成熟期，即8-10月，应追肥2～3次，以磷、钾肥为主。

无花果由于其叶片大，夏季高温时水分蒸腾量也高，需要及时补充水分。因此，水肥一体化是果园省工、省水、节肥最有效的方式（图10-11）。但无花果根系的生长对氧气需求高，对缺氧敏感，极不耐涝，浸水2～4天就能窒息死亡，所以在降水量高的地区建立的无花果园应注意及时排水，防止产生涝害（图10-12）。

图10-11　果园水肥一体化　　　图10-12　果园起垄排水沟

五、整形修剪

整形修剪是无花果栽培中不可或缺的重要环节，不同的整形修剪方式将会对无花果生长、果实发育、果实产量品质等有着不同的影响。无花果常见树形及修剪方法如下。

（一）"一"字形

"一"字形是北方地区栽培生产中主要推广的一种栽培树形（图10-13、图10-14）。主干高20～40厘米，主枝2个，分别向两边行间呈180°平角"一"字伸展。苗木定植后，新梢30厘米摘心，顺行保留2个长势较强的分枝向两边行间呈180°平角的"一"字伸展培养作主枝，其余全部抹除。翌年，主枝上的芽萌发后，间隔20厘米交叉选留萌芽培养作结果枝，其余芽尽早抹除，冬季修剪时，主枝上的结果枝在基部保留1～2个芽重截，剪口芽留外芽。此种修剪方式适宜于需要进行埋土防寒或进行保护地栽培的不耐寒但耐修剪品种，如玛斯义·陶芬等。

图10-13　"一"字形整形　　　图10-14　"一"字形整形（第三年）
（第一年）

（二）丛状形

植株比较矮小，无主干，呈丛生状（图10-15）。苗木定植后在基部留高10厘米处重截，促进基部发枝，从所发枝条中选留3～5个作为丛生主枝，并依次培养侧枝和结果枝组，当年就可结果。以后再在各条主枝上进行短截，促其再发新枝，用以扩大树冠和培养枝组。该树形适用于发枝旺、枝条生长量大、抗寒性较弱、较耐修剪的品种，如布朗瑞克。

图10-15　丛状形

（三）多主枝开心形

主干高度40～60厘米，无中心干，树高控制在2.5～3.5米，全树3～4个主枝，均匀向3～4个方向伸展，树冠呈圆头状（图10-16、图10-17）。主枝按二叉式分枝，可分级成4～6个二级主枝。每个主枝上均培养两个外侧枝。主枝与主干呈30°～45°角，侧枝与主枝呈50°角。适用于夏果与秋果兼用、生长势强的品种，如青皮。

图10-16　多主枝开心形冬季修剪

图10-17　多主枝开心形夏季长势

六、花果管理

目前，我国市场上的无花果品种多为单性结实的普通无花果，不需要配置授粉树便可结实。摘心是促进果实成熟的一种重要方法（图10-18）。当年生长枝条一般生长到1.8～2米，留果量在15～20个时摘心，避免不必要的营养流失，促进营养回流，让已经长出的果尽量都能成熟，削减不能成熟的青果的数量（图10-19）。

图10-18　摘心　　　　　　图10-19　未成熟的秋果

　　无花果果实成熟度与果实品质关系很大，采收时一定要掌握适时、适度。一般根据着色程度判断采收适期。若气温高，着色度达60%～70%时就可采收；温度低，着色度达80%～90%时为采收适期。采摘时需保持一小段果梗，以免撕裂果皮。无花果喜光，不耐遮阴，果实成熟期遇到阴雨天，果实含糖量显著下降，因此后期应注意控水。

　　无花果果实不耐贮运，且采后易腐烂变质，如不具备贮藏条件，应立即包装上市或运到加工场所。无花果果实采收后在室内常温（25℃）下只能保持1～2天鲜度，必须入库冷藏才能延长保鲜时间。

七、病虫害防治

　　无花果的病虫害较少，常见病虫害见表10-2及图10-20、图10-21。

表10-2　无花果常见病虫害及防治方法

病虫害种类	发生时期	形态及危害症状	防治方法
炭疽病	果实成熟时发病严重，8-9月发病最重	主要危害叶片和果实。叶片发病时产生近圆形至不规则形褐色病斑；果实染病，在果面上产生圆形褐色凹陷斑，病斑四周黑褐色，中央浅褐色，表面呈现颜色深浅交错的轮纹状	果树休眠期喷布3～5波美度石硫合剂。发病前喷布75%百菌清600～800倍液
灰霉病	果实发育期至成熟期，成熟后期最为严重	主要危害果实。幼果上产生暗绿色凹陷病变，造成落果。成熟果染病产生褐色凹陷斑，并长出灰褐色霉层	花前喷一次50%的甲基硫菌灵可湿性粉剂800倍液进行预防。发病初期喷21%过氧乙酸水剂1 200倍液

（续）

病虫害种类	发生时期	形态及危害症状	防治方法
锈病	萌芽期至成熟期	叶背面初生黄白色至黄褐色小泡斑，后泡斑表皮破裂，散出锈褐色粉状物，严重时病斑融合成斑块	春梢萌动时，喷15%三唑酮可湿性粉剂2 500～3 000倍液，隔10～15天喷1次，连喷2～3次。发病初期喷布43%戊唑醇悬浮剂3 000倍液或5%己唑醇悬浮剂2 000倍液
叶斑病	花期至成熟期	叶片病斑初期为淡褐色或深褐色。病斑扩展受纹叶脉限制，呈不规则多角形，直径为2～8毫米。后期病斑上产生少量黑色绒状粒点，叶片黄化脱落。发病严重时可引起大量落叶和落果	萌芽期喷波尔多液1～2次，发病初期可用65%代森锌可湿性粉剂500～600倍液，或65%福美锌可湿性粉剂300～500倍液喷雾，每5～7天喷1次，连喷2～3次
天牛类	萌芽期至成熟期	幼虫蛀食主干和主枝，成虫啃食叶柄、新梢嫩皮和枝干	可选用3%高效氯氰菊酯微囊悬浮剂1 000倍液，喷洒在树干或主枝上，触杀天牛成虫；幼虫可采用注射药物、用带有药剂的棉花堵孔或毒签熏蒸的方法杀虫
金龟子类	萌芽至成熟期	幼虫取食树根，成虫主要食嫩枝、叶片和果实，特别是在果实成熟期将果实吃成大空洞	在成虫出土初期，以70%辛硫磷乳油200倍液喷洒地面；成虫大量发生期，喷45%马拉硫磷乳油2 000倍液或80%敌百虫可溶性粉剂每亩85～100克

图10-20　无花果炭疽病症状

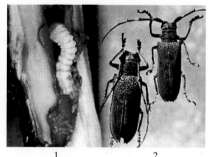

1　　　　　　　　2

图10-21　天牛
1.天牛幼虫危害无花果状　2.天牛成虫

八、庭院栽培与盆栽

无花果一年结两次果实，并且结果期长，病虫害少，非常适合庭院栽培或盆栽。一般选择果实颜色鲜艳、短枝形、长势稍缓的品种，如红矮生、A42、日本紫果、紫光等。

盆栽无花果一般采用多年生树桩，具有成形快、树体大、结果多等特点，更具观赏价值。可选用透气性好的泥瓦盆、水泥盆、木箱、木桶等，以紫砂盆最佳。一般多采用大号花盆栽种，直径以40～50厘米为好，并且需要较大的空间以利生长，如露天的阳台、露台、院落等。

盆土要求疏松、富含有机质、保肥、保水和透气性能较好，以山地阔叶林下的腐殖土最理想，可用壤土、沙和腐熟粪肥各1/3的比例配制，也可用沙壤土2份、蛭石1份、厩肥1份，或用园土2份、草炭2份、1份复混肥混合配制而成。

盆栽无花果应特别注意整形修剪。定干要矮，15～20厘米即可。控制营养生长，培养分枝密、枝条短的紧凑树形。采用摘心、抹芽、拉枝等修剪方法，控制枝条旺长，培养节间短、粗壮的中短枝组。可根据个人爱好，整成一定造型，以提高盆栽艺术价值（图10-22、图10-23）。

图10-22　无花果盆栽

图10-23　无花果盆景

主要参考文献

曹尚银，2003.无花果无公害高效栽培[M].北京：金盾出版社.

曹尚银，2009.无花果栽培技术[M].北京：金盾出版社.

陈兰海，唐明亮，等，2015.无花果幼树抗寒越冬技术研究[J].河北果树（6）：10-11.

李静一，2016.中原地区无花果抗寒栽培技术规程[J].中国园艺文摘，32（08）：176-178.

马廷和，2011.多年生无花果树桩盆栽技术[J].现代农业科技，2（24）：169-170.

秦旭，1999.无花果栽培技术[J].北京农业（6）：30.

孙锐，贾明，等，2015.世界无花果资源发展现状及应用研究[J].世界林业研究，28（3）：

33-36.

张小燕,李国栋,张建国,2016．无花果病虫害鉴别及防治[J]．中国果菜,36（4）：45-47．

张秀茹,2018.无花果庭院栽培技术[J].河北果树（2）：44-45.

赵荣香,2015.无花果优质丰产栽培技术[J].烟台果树（1）：48-49.

周爱琴,李春丽,等,2016.无花果果实发育形态学观察[J].北京农学院学报,31（4）：17-20.

第十一章

果 桑

一、概述

桑树属桑科桑属，在我国分布广泛，有着悠久的栽培历史。按主要经济用途分为叶用桑和果用桑。果桑是指以生产桑椹为主要目的的桑树种类，是近年来新兴的以食果为主、叶片可养蚕的一类特殊桑树。其果实在每年的4—6月成熟，可谓"早春第一果"。《本草新编》有"桑椹紫者为第一，红者次之，青则不可用"的记载。桑椹中含有多种功能性成分，如芦丁、花青素、白藜芦醇等，还含有丰富的果糖、果酸、果胶、天然色素，丰富的游离有机酸，16种氨基酸等多种营养成分，并富含硒等微量元素，具有补血、补肾、明目、乌发、抗衰老、降血压、预防慢性肝炎、治疗失眠和神经衰弱等多种医疗保健功能。树龄较长，一般成龄桑园盛果期为20～30年。我国目前是世界上保存桑树种质资源最多的国家，已收集保存桑树种质资源（品种）近3 000份，拥有15个种和4个变种，其中果桑资源100余份，主要分布在广东、广西、新疆、云南、四川、江苏、陕西、湖北等省份。这些果桑资源为栽培品种品质、抗性改良提供了丰富的基因库。

二、品种选择

应因地制宜地选择适应当地气候、品质好、果形大、丰产性好和抗逆性强的优良品种。鲜食品种如粤椹大十、桂花蜜、长果桑、白玉王、白珍珠、陕8632、蜀果1号等；加工品种如红果2号、台湾1号、台湾2号、云果1号等。要根据生产目的和气候条件来确定栽培品种。如以鲜食桑椹为主，宜栽粤椹大十等。若以加工桑果汁等为目的，宜选择红果系列或台湾果桑，以充分发挥其果汁丰富、高产的品种优势。

粤椹大十即大10三倍体早熟品种，树形开展，枝条细直，叶较大，花芽率高，单芽果数5～6个，果长3～6厘米，果径1.3～2厘米，单果重3～5克，紫黑色，无籽，果汁丰富，果味酸甜清爽，含总糖14.87%，总酸0.82%，可溶性固形物含量14%～21%（图11-1）。黄淮流域5月上旬成熟，成熟期30天以上，亩产桑果1 500千克，产桑叶1 500千克左右。抗病性较强，抗旱耐寒性较差。果叶兼用，桑果适合鲜食，也可加工，我国南方和中部地区适宜种植。

红果2号为中熟品种，树形直立，枝条细长而直，叶片较小，花芽率高，单芽果数6～8个，果长3～3.5厘米，果径1.2～1.3厘米，长筒形，单果重3克左右，紫黑色，有籽，果味酸甜爽口，果汁鲜艳，含总糖14.8%，总酸0.79%，可溶性固形物含量14%～20%（图11-2）。黄淮流域5月上旬成熟，成熟期30天以上，亩产桑果2 000千克，产桑叶1 500千克左右。抗病性较好，适应性强。果叶兼用，桑果适合鲜食，也可加工，我国南北方均可种植。

桂花蜜为中熟品种，生长一般，枝条细直，叶片中等。桑果紫红色，成熟时有桂花一样的香味，味道鲜、香、甜，有籽，果形不大（图11-3）。成熟期28天左右，一般亩产桑果1 000千克。抗旱性一般，肥水要求较高，适宜良田种植。应注意配种5%的雄株，否则落花落果严重。

长果桑又名超级果桑、秀美

图11-1　粤椹大十

图11-2　红果2号

图11-3　桂花蜜

果桑、紫金蜜桑，台湾引进品种，果形细长，果长8～12厘米，最长18厘米，果径0.5～0.9厘米，果重可达20克，外观漂亮，口感好，糖度高，含糖量18%～20%，甘甜无酸（图11-4）。亩产桑果2 500千克以上，是观光采摘园不可缺少的珍贵品种，适合我国南方和中部地区种植。

图11-4　长果桑

三、栽植

（一）土壤基础

高产果桑园的土壤要求土层深厚，结构疏松，有机质含量高，养分丰富，保水、保肥，透气性好，pH适中。耕作层厚度要在25厘米以上，土壤深度1米以上，地下水位距离地表不小于1米。土层深浅明显影响着根系分布的深度，若土层深厚，根系分布深广，可以增强根系吸收和提高抗旱抗寒能力。壤土、沙壤土、黏壤土为好，结构疏松而富含有机质的土壤细根发生多，有利于果桑的生长。pH在4.5～9.1范围内都能正常生长，pH在6～7范围内生长最好。

（二）园地选择及整地

栽种园地应尽可能选择在远离污染源且交通方便的地方，以避免灰尘等污染桑果而影响鲜食品质，更便于鲜果销售运输。按3～3.5米行距挖深80厘米、宽1米的栽植沟，将表土和心土分开放置，在沟两端挖深1米的排水沟。定植时，按株距1～2米挖50厘米×50厘米×50厘米的定植穴，穴施农家肥25千克或枯饼2～3千克，并加入氮、磷、钾复合肥0.5千克，在穴内与土混匀后，再填上厚5厘米的表土，防止苗木根系与肥料直接接触。

四、肥水管理

（一）肥料管理

1.基肥　每年6月中、下旬夏季重截后立即施入基肥。苗木定植当年宜采用环状沟施肥法，在树冠滴水线外围挖深40厘米、宽35厘米的环状沟，株施农家肥40千克或枯饼2～3千克，并加入尿素0.2～0.3千克。从第二年开始，宜采用放射状沟或条状沟施肥，在树冠滴水线附近挖4～6条深40厘米的放射沟，或顺行向在树冠一侧滴水线附近挖深40厘米、宽35厘米的条状沟，株施农家肥50千克或枯饼2～3千克，复合肥0.25千克。

2.追肥　催芽肥应早施。2月初即可亩施复合肥50千克，注意不偏施氮肥，以防营养生长过于旺盛而造成落花落果。

（1）结果期施肥。一是开花结果的青果期，为使幼果迅速膨大，每亩需施复合肥20千克，施肥时间在3月中、下旬；二是桑果膨大至转色成熟期，为满足桑果的含糖量和色泽，每亩施复合肥20千克，或钾肥20千克，施肥时间约在4月中旬；三是每隔10天左右用0.3%磷酸二氢钾等进行根外追肥，根外追肥最好在傍晚进行。

（2）夏肥及秋冬肥。一般夏季修剪后以施氮肥为主，配施磷、钾肥，有条件的可施腐熟有机肥。秋冬肥以施有机肥为主。

（二）水分管理

果桑不同生长结果期对水分要求不同，萌芽期需适量水分，幼果生长膨大期需水较多，近成熟期至完熟期逐渐减少。若地块早春（2–3月）干旱需适当灌水，4–6月梅雨期要及时排水，6月下旬梅雨期停止后转入高温干旱时期，重截后萌发的新梢正处于迅速生长期，此期及时灌溉保持土壤水分极为重要。

五、整形修剪

目前提倡采用开心形修剪方式。该树形主干高50厘米，整形带15～20厘米，整形带内错落着生3个主枝，主枝呈仰角，与垂直面夹角45°～50°，3主枝的片面夹角各120°（俯视），3主枝枝梢在同一平面上，每个主枝上着生3～4个侧枝。

栽植第一年定干，主干高度50厘米左右，15～20厘米为整形带，整形带外的新梢全部抹除。对整形带内发出的新梢长到30厘米时，按树形要求选出3个生长强旺、方位合适的新梢作为主枝（也可多留1～2个枝条做后备，到冬剪时再疏除多余的枝条），对其余的新梢进行摘心。对3主枝斜插立柱诱导，使3个主枝与垂直面夹角呈45°～50°，3主枝的平面夹角各为120°。

第二年春季当3主枝延长头新梢长到50～60厘米时摘心，促进萌发副梢。在主枝基部以上50～60厘米处斜向下生长的副梢中选留第一侧枝，采用摘心换头的方法使侧枝开张角度大于主枝开张角度。及早疏除内膛的徒长枝，其余枝条生长到15厘米时摘心，对强旺枝连续摘心可培养成枝组。

第三年要在每个主枝第一侧枝以上50～60厘米处对侧培养第二侧枝，在第一侧枝以上120厘米处同侧培养第三侧枝，树形基本养成。

果实采收后进行夏季整形修剪，冬季修剪主要是剪梢和下垂枯弱枝。

六、花果管理

结果母枝中下部抽生的结果枝较短，着生小粒果较多。对鲜销的果实，于3月中、下旬进行疏果，先疏除小粒果和畸形果，然后按弱枝少留、中庸枝适当留、壮枝多留的原则疏果。用于加工的果实，可采用疏除短弱果枝的方式来调节结果量，以节省劳力。果实成熟后，若未及时采摘，遇大风或暴雨落粒较多。因此，在果实集中成熟期应每日采摘1次，其他时间每周采摘2～3次。落地桑果要及时清除（可晒干入药），以免招致苍蝇危害。

果桑易受霜冻害。可根据气象预报，采用熏烟法减少辐射散热，减轻霜冻危害。熏烟材料可就地取材，如杂草、枝叶、稻草等。每亩4～6堆，霜害一般多在凌晨出现，故掌握在冻害临界温度前点火生烟。在遭受冻害后，增施肥料1次，促使果桑开花、坐果，同时进行剪梢，将冻枯部分剪去。

七、病虫害防治

一般桑树上发生的病虫害均会危害果桑，可参照一般桑树病虫害防治技术进行防治。但果桑与普通桑树的防治重点不同，应以防治果桑菌核病为主。果桑适宜在高温多湿的环境生长，但此环境下病菌极易繁殖，导致桑果发病，其中菌核病的发病率较高，发病严重时颗粒无收。因此，果桑更要重视防病工作。

（一）病果症状

桑椹菌核病是果桑的主要病害，该病是肥大性菌核病、缩小性菌核病、小粒性菌核病的统称，俗称"白果病"，因感病桑果病变后多呈灰白色而得名。该病重发生时可造成毁灭性灾害，致使桑果无法正常成熟收获，严重影响桑果产量和品质。3种桑椹菌核病皆属子囊菌亚门真菌，分别由3种不同的病原真菌引起，病果表现出不同的症状。

桑椹肥大性菌核病病菌亦称白杯盘菌（桑实杯盘菌）。受害桑果肥大，其椹小粒的花被及子房肿胀，病果呈现乳白色或灰白色，捻破后可闻到带酒精味的腐烂臭气，病果中心有一块黑色干硬的大菌核。

桑椹缩小性菌核病病菌亦称白井地杖菌。受害桑果显著缩小，呈现灰白色，质地坚硬，表面有细皱纹，分布暗褐色小斑点，病果中心有黑色坚硬的菌核。

桑小粒性菌核病病菌亦称肉阜状杯盘菌。桑果的个别或多个椹小粒染病，感病椹小粒呈现灰褐色，其子房特别肥大而使之显得膨大突出，子房内有小型菌核。

根据对发病果桑园观察，3种菌核病在同一地块同时有发生，但以肥大性菌核病占绝大部分，其次为小粒性菌核病，而缩小性菌核病仅为个别发生。

（二）发生规律

桑椹菌核病病原菌以菌核在土壤中越冬，到翌年春季果桑开花期间，遇适宜条件时，土壤中的菌核萌发抽生出子囊盘，盘内子实体上的子囊释放出子囊孢子，子囊孢子借助风力传播到雌花上，引起初次侵染。病原菌入侵雌花后，菌丝大量增殖并侵入子房内，先形成分生孢子梗和分生孢子，最后由菌丝形成菌核，菌核随病果落地，果肉腐烂而菌核残留入土越冬。病原菌的分生孢子可引起再次侵染，但由于果桑花期短，当年再次侵染概率很小，往往在翌年春季温暖多雨、土壤潮湿有利于菌核萌发时，引起再次侵染。

（三）发病因素

该病的发生与果桑开花期间的气候条件密切相关。开花期间若雨水多，土壤湿润，天气暖和，则有利于土壤中的菌核萌发和子囊盘抽生，从而使该病严重发生。一般通风透光差、低洼高湿、树势弱、树龄大、上一年发病严重的果桑园发病严重。另外，病原菌的积累也是引起该病严重发生的重要因素，一般栽种1～2年发病轻微的果桑园，如不及时进行清园和防治，病情会逐年加重，若果桑开花期间遇阴雨温暖天气，会使该病暴发而严重影响桑果产量，甚至颗粒无收。

（四）防治方法

1.农业措施

（1）清除病果。在桑果发育期间经常巡园，及时清除树上和散落到地上的病果，远离果桑园集中烧毁或深埋，以减少病原菌在果桑园的积累，这是控制来年病情的一项重要措施。

（2）果桑园深耕。对发病严重的果桑园，在采果后或冬季结合施冬肥对园地进行1次全面的深耕，可使部分病原菌被深埋土中而不利于其萌发。

（3）铲除病原菌或地膜覆盖。遇春季雨水多的年份，在桑树开花期间经常巡视果桑园，若发现地面有病原菌子囊盘抽出，即用锄头挖去，清除病原菌；或在果桑树开花前用农用薄膜覆盖地面，可有效隔离病原菌，使之无法侵染桑树花器。

2.药剂防治　在果桑树开花初期应重视防治，用50%多菌灵可湿性粉剂或80%代森锰锌可湿性粉剂600～800倍液、70%甲基硫菌灵可湿性粉剂800～1000倍液交替防治，每7天左右喷1次，连喷4～5次，直到花期结束，可达到良好的防治效果。

（五）注意事项

1.桑椹菌核病的防治以预防为主　一旦出现菌核病病果，就难以防治。因此，对该病发生的地块，除了当年采取清除病果等方法外，在冬季需用石硫合剂清园1次，翌年还需采取化学方法预防，才可达到有效控制病害的目的。对新植果桑园，一旦发现有病果，要及时摘除并异地集中处理，减少病原积累。

2.掌握好用药时期是取得良好防治效果的关键　如果往年有菌核病发生，则在桑芽脱苞时就开始进行药物防治。喷药时，除桑花外，还要对地面、树干、枝条及道路、沟渠等进行全面喷洒。如在桑果发育期或发现病果之时才用药，为时已晚，此时应摘除病果，待翌年采取办法加以防治。

3.选择合理的种植密度　以每亩栽100～150株为宜，既可增加光照，提高桑果品质，又可减少果桑白果病的发生概率。

八、采收、包装及贮存

（一）采收

1.成熟标志　果桑果柄由绿变黄白，紫黑色品种果粒由红变紫黑色。

2.采收时间　以气温较低的清晨为佳。

3.采收方法　分批采摘，采前戴上无菌手套，注意轻拿轻放。

（二）包装

按果粒大小筛选分级，先用小塑料盒覆保鲜膜包装，每盒500～800克，再按级别分别装入专用果箱；在果箱外面印制果桑等级、品牌名称、果实照片、装箱质量、种植基地名称等。装箱后及时销售。

（三）贮存

采摘的果桑如当天未销售完，可在4～6℃环境下保存贮藏，贮藏期4～5天。

主要参考文献

杜伟，杨文，吴克军，等，2017. 10份云南特异野生桑树种质资源的搜集与评价[J]. 南方农业学报，48（8）：1504-1510.

黄盖群，佟万红，危玲，等，2014. 28份果桑品种资源主要经济性状的主成分分析[J]. 蚕业科学，40（4）：0601-0606.

蒯元璋，吴福安，2012. 桑椹菌核病病原及病害防治技术综述[J]. 蚕业科学，38（6）：1099-1104.

李平平，江亚，冉瑞法，等，2017. 云南蚕区28份野生桑种质资源的果用性状初步调查[J]. 蚕业科学，43（1）：0156-0162.

李晓双，王青，孟钰程，等，2017. 野生长穗桑种质资源云7的多倍体诱导和鉴定[J]. 蚕业科学，43（3）：0369-0373.

吕蕊花，赵爱春，余建，等，2017. 桑椹肥大性菌核病病原菌生物学特性及流行性[J]. 微生物学报，57（3）：388-398.

He N, Zhang C, Qi X, et al., 2013. Draft genome sequence of the mulberry tree *Morus notabilis* [J]. Nature Communications, 4（9）：2445.

Lü Z, Kang X, Xiang Z, et al., 2016. Laccase gene Sh-lac is involved in the growth and melanin biosynthesis of *Scleromitrula shiraiana* [J]. Phytopathology, 107（3）：353-361.

Sultana R, Ju HJ, Chae JC, et al., 2013. Identification of *Ciboria carunculoides* RS103V, a fungus causing popcorn disease on mulberry fruits in Korea[J]. Research in Plant Disease, 19(4):308-312.

Sultana R, Kim K, 2016. Bacillus thuringiensis C25 suppresses popcorn disease caused by *Ciboria shiraiana* in mulberry (*Morus australis* L.) [J]. Biocontrol Science & Technology, 26（2）：145-62.

Xu WF, Ren HS, Ou T, et al., 2019. Genomic and functional characterization of the endophytic *Bacillus subtilis* 7PJ-16 strain, a potential biocontrol agent of mulberry fruit sclerotiniose [J]. Microbial Ecology, 77（3）：651-663.

第十二章

猕猴桃

一、概述

　　猕猴桃属猕猴桃科猕猴桃属，为雌雄异株落叶木质藤本植物。雄株多毛叶小，开花较早；雌株少毛或无毛，花、叶均大于雄株；花期一般为5—6月，果实成熟期8—10月（图12-1至图12-4）。主要分布在北纬18°～34°的温暖湿润地区，适宜在雨量充沛且分布均匀、空气湿度较高、湿润但不渍水的地区栽培。

图12-1　猕猴桃园

图12-2　猕猴桃花

图12-3　猕猴桃果实

图12-4　猕猴桃根系

二、品种选择

猕猴桃属有66个种，其中62个种自然分布在我国，目前生产上有较大栽培价值的是中华猕猴桃和美味猕猴桃。中华猕猴桃枝干和果实外表皮比较光滑（如红阳、黄金果等），美味猕猴桃枝干和果实外表皮覆有茸毛（如秦美、徐香、海沃德等），猕猴桃主栽品种见表12-1及图12-5至图12-8。

表12-1　猕猴桃主栽品种

种属	品种名称	果实特征	物候期	抗逆性	适栽区域
中华猕猴桃系列	Hort 16A（黄金果）	果实长卵圆形，果喙端尖，中等大小，单果重80~140克。软熟果肉黄色至金黄色，可溶性固形物含量15%~19%。贮藏性中等	中晚熟品种。北半球花期4月20日前后，10月中、下旬果实成熟	不抗寒，抗溃疡病、枝腐病能力差	较温暖地区
	红阳	果实长圆柱形兼倒卵圆形，中等偏小，平均单果重68.8克。果皮绿色或绿褐色，皮薄；果肉黄绿色，果心白色，子房鲜红色，可溶性固形物含量16.0%~19.5%。较耐贮藏	早熟品种。开花期4月下旬，9月上、中旬果实成熟	抗寒、抗病、耐瘠薄，抗药性较弱	适栽地区广泛
	博山碧玉	果实椭圆形，果皮呈均匀黄褐色，表面短毛不易脱落，平均单果重100克左右。果肉翠绿色，果心小，肉质鲜嫩可口、汁多，可溶性固形物含量16.22%。耐贮性能良好	中熟品种。淄博地区8月下旬至9月上旬果实成熟，果实发育期125天	抗寒性较强	山东主栽品种
美味猕猴桃系列	海沃德	果实椭圆形，平均单果重80~110克。果面易形成棱状突起，果肩圆，果喙端平；果肉绿色，果心较大，绿白色，肉汁多甜酸，可溶性固形物含量12%~18%。耐贮藏且货价期长	晚熟品种。果实成熟期10月底至11月上旬	耐高温、干旱，抗溃疡病	适栽地区广泛

种属	品种名称	果实特征	物候期	抗逆性	适栽区域
美味猕猴桃系列	秦美	果实椭圆形，平均单果重100克。果皮绿褐色，较粗糙，果点密，柔毛细而多，容易脱落，果肉淡绿色，汁多，酸甜可口，可溶性固形物含量14%～17%。耐贮性中等	中晚熟品种。黄河流域10月上、中旬果实成熟，果实发育期135天	抗寒、抗旱	黄河流域半干旱地区
	徐香	果实圆柱形，果形整齐，平均单果重75～100克。果皮黄绿色，被黄褐色茸毛，果皮薄易剥离；果肉绿色，汁液多，具草莓等多种果香味，含可溶性固形物含量13.3%～19.8%。较耐贮藏	中晚熟品种。徐州地区10月上、中旬果实成熟，果实发育期150天左右	抗碱性较强	适栽地区广泛

图12-5　Hort 16A（黄金果）

图12-6　红阳

图12-7　海沃德

图12-8　秦美

三. 栽植和树形培养

（一）栽植

猕猴桃宜选择在背风向阳、水资源充足、排水良好、土层疏松肥沃、适宜pH 5.5 ~ 7.0且交通便利的地方栽植。春、秋季栽植均可，春栽宜早，秋栽应注意培土防寒。栽植前及早挖好定植沟，沟宽1米、深60厘米，沟内先回填一层玉米秆、麦草等有机物，再依次回填表土和下层土，同时施入腐熟的有机肥和磷肥，回填后打畦灌水（图12-9、图12-10）。定植苗要求长短粗细基本一致，根系丰满。栽植株行距，大棚架一般为3米×5米，每亩栽植45株；T形架一般为3米×4米，每亩栽植55株（图12-11、图12-12）。猕猴桃为雌雄异株，栽植时应配置相应的授粉品种，雌雄株的适宜比例范围为（5 ~ 8）∶1（图12-13）。

图12-9　开沟栽植

图12-10　栽植沟填埋秸秆

图12-11　猕猴桃大棚架栽植

图12-12　猕猴桃T形架栽植

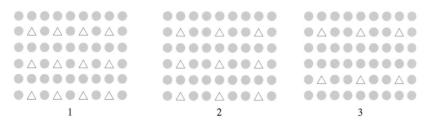

1　　　　　　　　　2　　　　　　　　　3

图12-13　猕猴桃雌雄株配置
●雌株　△雄株
1.雌雄比例为5∶1　2.雌雄比例为6∶1　3.雌雄比例为8∶1

（二）培养标准树形

猕猴桃单干双臂结果母枝羽状分布树形整形要点：单主干上架，在主干上接近架面的部位留两个主蔓，分别沿中心铁丝伸展，主蔓的两侧每隔30 ～ 40厘米留1个结果母枝，结果母枝与行向呈直角固定在架面上，每株留枝24个左右，呈羽状排列（图12-14）。

图12-14　猕猴桃单干双臂结果母枝羽状分布树形示意图

四、土肥水管理

（一）土壤管理

幼树栽植后，结合秋施基肥深翻改土。降雨或灌水后，及时中耕松土，中耕深度10 ～ 20厘米。树盘内提倡用秸秆、厩肥、柴草嫩枝等覆盖，厚度为15 ～ 20厘米，其上盖一层薄土。

猕猴桃园可间作浅根性矮生作物或行间生草，以豆科作物和绿肥为宜。行间生草通常选择白车轴草与毛叶苕子、油菜等（图12-15、图12-16）。

图12-15　白车轴草

图12-16　毛叶苕子

（二）肥料管理

应坚持以农家肥为主，配合生物菌肥、中微量元素肥，减少化肥施用的原则，推行水肥一体化施肥技术。

基肥一般在早、中熟品种采收后或晚熟品种采收前施入，以有机肥为主，一般亩施优质农家肥3 000 ~ 5 000千克和速效复合肥（15-15-15）50千克。施肥方法：在离主干100厘米处挖宽50厘米、深60厘米的条状沟或环状沟，将肥料与土壤混匀后施入，或在采果后深翻前，结合灌水撒施于地表。

地下追肥可分为萌芽肥、花后肥（膨大肥）、优果肥等。叶面肥一般在6月后每隔10 ~ 15天喷施1次，最后1次叶面肥在果实采收期前20天进行，常用叶面肥浓度为尿素0.3% ~ 0.5%，磷酸二氢钾0.2% ~ 0.3%，硼砂0.3%。

（三）水分管理

萌芽期、花前、花后根据土壤墒情各灌1次水，但花期应控制灌水。果实迅速膨大期根据土壤湿度灌2 ~ 3次水。果实采收前15天左右停止灌水。越冬前灌封冻水。雨季注意排涝，园内出现积水时及时排水。

五、科学修剪

（一）冬剪

冬剪宜在入冬后至翌年1月底前进行，2–3月修剪易发生伤流。冬剪的主要任务是配备适宜的结果母枝，同时对衰弱的结果母枝进行更新，使结果部位能够始终保持在距离主蔓较近的区域，保证树体健旺，持续丰产、稳产。多采用疏枝、短截等措施，疏枝主要是疏除过多枝、过密的细弱枝等，短截时剪口应在芽上3厘米处。

（二）夏剪

一般在7–8月进行，主要是处理徒长枝和下垂枝，疏除过密枝和摘心促壮（图12-17）。

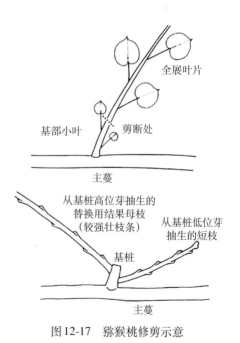

图12-17　猕猴桃修剪示意

六、花果管理

（一）授粉

猕猴桃为雌雄异株果树，且花期较短，如授粉不充分或授粉不及时，会直接影响猕猴桃的品质和产量，降低商品性。生产上以人工授粉为主，昆虫授粉为辅助。人工授粉一般在雌花开放后5天之内进行，雌花开放后1~2天授粉效果最好，第四天授粉坐果率降低，可采用对花授粉、采集花粉器械授粉等（图12-18至图12-20）。昆虫授粉多利用蜜蜂授粉。

图12-18　对花授粉

图12-19　毛笔点授

图12-20　喷粉器授粉

（二）合理负载

根据果园品种、树龄大小、树势强弱等实际情况，确定合理的负载量。由于猕猴桃花量大，坐果率高，在授粉受精良好的情况下几乎没有生理落果现象，为保证果实品质，必须进行人工疏花疏果。

1.留枝留芽量　一般每平方米选留1~2个结果母枝，每枝留芽量15~20个（图12-21）。

图12-21　合理留枝量

2.抹芽、疏蕾、疏果　萌芽后及时抹除背下芽、生长不良的芽；花蕾分离后及时疏除侧蕾，保留主蕾，强壮枝留5~6个花蕾，中庸枝留3~4个花蕾；花后7~10天开始疏果，疏除小果、畸形果、病虫果，隔半月后再检查定果1次（图12-22）。

（三）适期采收

猕猴桃早采问题突出，早采猕猴桃果肉成分以淀粉、柠檬酸为主，风味淡、口感差，贮藏期、货架期缩短，不利于猕猴桃产业的持续健康发展。因此应做到适期采收、确保果品质量（图12-23）。

图12-22　合理留果量

图12-23　果实采摘

七、病虫害防治

猕猴桃病虫害防治应坚持"预防为主，综合防治"的植保方针，以农业防治和物理防治为基础，生物防治为核心，科学使用化学防治技术，有效控制病虫危害。常见病虫害见表12-2及图12-24至图12-28。

图12-2　猕猴桃主要病虫害及防治方法

病虫害种类	发生时期	症状	防治方法
溃疡病	4月下旬为发病高峰	枝干皮层组织呈水渍状；新生叶片呈现褪绿小点，后发展成不规则形或多角形褐色斑点；花蕾受害时不能张开，变褐枯死后脱落，或不能完全开放	禁从病区调苗；冬季、早春清园；冬剪后及发芽前，全园喷洒3～5波美度石硫合剂
褐斑病	5月始发病，7-8月为发病高峰	主要危害猕猴桃的叶片，病斑中央为褐色，周围呈灰褐色或灰褐相间，其上产生许多黑色小点，干枯易脱落	冬季清园；发病初期，每隔7～10天喷3次70%甲基硫菌灵可湿性粉剂1 000倍液
炭疽病	树势衰弱、高温、高湿条件下易发病	受害叶片边缘卷曲，病斑正面散生许多小黑点，中间为灰白色，边缘深褐色，病健交界明显；果实发病初期，出现针头大小的淡褐色小斑点，后期变为褐色，果肉变褐腐烂	通风透光，防止积水；冬季清园；发芽前，全园喷1次5波美度石硫合剂

病虫害种类	发生时期	症状	防治方法
根结线虫病	6～9月发生	受害嫩根上产生细小肿胀或小瘤，数次感染变成大瘤，瘤初期白色，后变成黑褐色。大量嫩根枯死，细根呈丛状，根发枝少，且生长短小，对幼树影响较大	严格检疫；不宜连作，播种前施用杀线虫剂；重病苗应及时拔除，集中烧毁
桑盾蚧	3月始发生，7月为发病高峰	固定在枝蔓上吸食汁液危害，严重时介壳密集，造成树势衰弱，枝条枯死	冬季清园，喷施1次石硫合剂；5月和7月若虫孵化盛期，用药剂淋洗，严重部位可直接涂抹矿物油
金龟子	4～7月发生	4～5月成虫出土取食叶、花、幼果及嫩梢，7月幼虫（蛴螬）入土啃食植物的根皮和嫩根	初冬或初春翻耕，放鸡食幼虫；傍晚摇树捡成虫，或悬挂糖醋酒液、杀虫灯诱杀；用菊酯类药剂喷药防治

图12-24　猕猴桃溃疡病症状

图12-25　猕猴桃褐斑病症状

图12-26　猕猴桃炭疽病症状

图12-27　猕猴桃根结线虫病症状

图12-28　介壳虫危害猕猴桃状

主要参考文献

车小娟，赵英杰，2014."眉县猕猴桃"标准化生产十大关键技术[J]. 果农之友（9）：18.

第十三章

李

一、概述

　　李是蔷薇科李亚科李属植物，原产于我国长江流域，至今已有3 000年以上的栽培历史，现广泛分布于亚洲、欧洲和北美洲等地。李为小乔木、多年生落叶果树，树皮灰褐色，树冠高度3～5米；2～3年开始结果，5～8年进入盛果期。一般寿命为15～30年或更长。

　　每年3月下旬芽开始萌动，4月中旬为花期。花通常3朵并生，直径1.5～2.2厘米，花瓣白色（图13-1）。7—9月果实成熟。核果球形、卵球形或近圆锥形，直径3.5～7厘米，黄色或红色，有时为绿色或紫色（图13-2）。11月中旬落叶。

图13-1　李开花状

图13-2　李结果状

李花期最适温度为12 ～ 16℃，易受霜冻影响。李树抗旱性强，但不太耐湿涝。果实要求良好的光照条件，以改善着色和品质。土壤酸碱度以pH 6.2 ～ 7.4为宜。

二、品种选择

李的适宜品种及特点见表13-1及图13-3至图13-6。

表13-1　李主栽品种及特点

品种名称	果实性状	物候期	抗逆性	适栽地区
黑宝石	平均果重72克，最大127克。果形扁圆，顶部平圆，果柄粗短，果面紫黑色，果粉少，无果点；果肉乳白色，可溶性固形物含量11.5%，离核	3月初开始萌芽，3月中、下旬为花期，7月底至8月初成熟	耐寒、耐旱，对褐腐病、流胶病有一定抗性；但不抗细菌性穿孔病	美国加州主栽品种，河北、山东、辽宁、山西、福建、湖北等地栽培
秋姬	果实近圆形，平均单果重200～300克。果实鲜红色，果肉黄色致密多汁，有香气，可溶性固形物含量18.2%，果实极耐贮运	3月初开始花芽萌动，花期3月中、下旬，8月底至9月初成熟	适应性强，抗寒、抗旱、耐瘠薄，抗细菌性穿孔病	原产日本，适于安徽、河南、山东、河北等地栽培
黑琥珀	平均单果重101.6克，最大141克。果皮紫黑色，皮易剥离，离核。果肉淡黄色，品质上等，可溶性固形物含量为12.4%	3月初花芽开始萌动，3月中、下旬为花期，8月上旬成熟	抗寒、抗旱性强，但不抗蚜虫，易感染细菌性穿孔病	原产美国，干旱地区适宜栽培
卡特利娜	平均重95.2克，最大果155克。果面黑紫色，果肉细脆，品质上等，含可溶性固形物含量13.2%	3月中、下旬为花期，7月下旬成熟	抗寒、抗旱，抗细菌性穿孔病、早期落叶病	原产美国，适于河南、山东、河北等地栽培

图13-3　黑宝石

图13-4　秋姬

图13-5　黑琥珀

图13-6　卡特利娜

三、栽植和树形培养

（一）园地选择

李栽植园地应选择地势平坦，土层深厚、肥沃，水利条件好，地下水位低的地块；李树春季开花较早，在我国北方有霜害的地区应营造防风林等防护措施。

（二）苗木选择

栽植前，要选择品种优良、发育健壮、根系完整、无病虫害的苗木；一般情况下，应随起苗随栽植；同时，应注意配置授粉树，主栽品种与授粉品种的比例为（4～5）：1。

（三）栽植方法

一般于未萌芽前栽植，株行距可采用2米×4米或2米×3米，挖长、宽、深分别为0.6米×0.6米×0.8米的定植穴，表土与底土分开放置，每穴施有机肥50千克，与表土混合后回填，灌水沉实后栽植。注意嫁接口应略高于地平面。栽植后充分灌水，及时覆膜。

（四）树形培养

定干高度为70～80厘米，剪口要留在迎风面，选方向朝北的壮芽，剪口在芽上1厘米。定干后，在需要发枝处刻芽促发新枝，多余芽一律抹除（图13-7）。

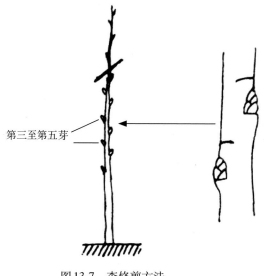

第三至第五芽

图13-7 李修剪方法

四、土肥水管理

（一）土壤管理

土壤是李树生长发育的基础，土壤条件的好坏直接影响着根系发育、树体营养和果实品质。土壤管理的主要内容包括土壤改良、多施有机肥、深翻熟化、合理间作、果园覆盖、果园生草（或绿肥）等。

（二）肥料管理

施肥分为施基肥和追肥。基肥主要以秋季结合深耕施肥为宜；而追肥主要在花前、新梢生长基本停止及果实迅速膨大期分次施用，1年进行2～4次。在保证树体营养的前提下，多施有机肥，少施化肥。花期追肥以尿素和有机肥为主；果实硬核期追肥，以速效的氮、磷、钾肥为主，加适量腐熟的有机肥；果实生长后期追肥，以磷、钾肥为主。速效氮肥以叶面喷施为好，浓度0.2%～0.3%。

（三）水分管理

应在花前、果实膨大期和浇封冻水这三个关键时期适时浇水，雨季注意及时排水。尽量节约水分，减少大水漫灌的灌溉方式，提倡滴灌，结合施肥进行水肥一体化生产管理。

五、整形修剪

（一）主要树形

在生产实践中，常用的树形主要包括自然开心形、小冠疏层形和高纺锤形，其中以高纺锤形效果最好。

采用纺锤形树形，定干1米，留枝20个左右，从主干直接发出形成长的下垂枝，其上结果枝组多而结果紧凑。冬剪时交替更新长枝及结果枝组。这种树形通风透光，产量高，果形端，着色佳（图13-8、图13-9）。

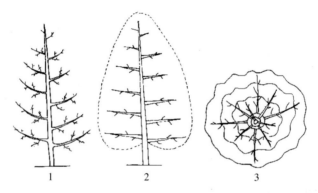

图13-8　纺锤形树形修剪示意
1.纺锤形　2.纺锤形树体结构　3.纺锤形树冠的投影
（引自贾永祥、胡瑞兰，《看图剪梨树》，2000）

图13-9　纺锤形树形修剪后效果

（二）修剪技术

李树是以花束状果枝和短果枝结果为主，幼树长势旺盛，如要达到多出短果枝和花束状果枝的目的，必须轻剪甩放，减少短截，适当疏枝，有利于树势缓和，多发花束状果枝和短果枝（图13-10）。

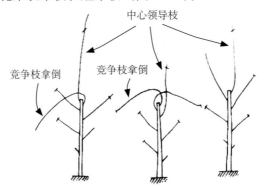

图13-10 中心干修剪示意

李树幼龄期间要加强夏剪，对枝头较多的旺枝和背上枝、过密枝要及时疏除，削弱顶端优势，促进下部多发短枝。在骨干枝上多培养辅养枝，初结果期树以辅养枝结果为主。盛果期后逐步去除辅养枝（图13-11）。

对进入结果期的树应该以疏剪为主，短截为辅，适当回缩，要每年有一定量的壮枝新梢，保证每年有新的花束状果枝形成，保持旺盛的结果能力。

图13-11 幼树选留辅养枝示意
（1～5均为辅养枝）

六、花果管理

（一）花前复剪

花前复剪在初花期进行。生长势弱、花量大的果枝要多短截、多回缩；生长势强的要少剪少回缩，多拉枝、撑枝、开张角度（图13-12）。

（二）辅助授粉

图13-12 李初花期

1.花期放蜂　以角额壁蜂和凹唇壁蜂为主，每亩李园放一箱蜜蜂，或释放20～30头角额壁蜂。

2.人工授粉 在盛花期，用鸡毛掸子在主栽品种和授粉品种之间轻轻滚动；或把采集制作的花粉与滑石粉按1∶1的比例混合后，装入布袋中，于盛花期在主栽品种树上抖动花粉进行辅助授粉。

（三）疏花

疏花一般在蕾期和花期进行，在保证坐果率及预期产量标准的前提下，疏花越早越好。疏花时要疏除结果枝基部的花，留中上部的花，留单花；骨干枝和弱枝的花要少留。

（四）疏果

疏果宜早不宜迟，通常生产上在第二次落果开始后、坐果相对稳定时进行，最迟在硬核开始时完成。疏果分两次，第一次在花后15天，第二次在花后30天定果（图13-13）。

图13-13 疏果后

（五）花期预防冻害

萌芽前全树喷抗多乐（作物抗逆剂）可有效增强树体的抗逆性，花期喷花多乐（生长调节剂）通过调节树体生长素含量，提高授粉率。

七、病虫害防治

主要病虫害及防治方法见表13-2。

表13-2 主要病虫害及防治方法

主要病虫害	发生时期	症状	防治方法
李子红点病	从展叶期到9月都能发生	主要危害叶片和果实。叶片染病，初期呈黄色近圆形病斑，微隆起，后病叶渐变厚，颜色加深，其上密生暗红色小粒点。秋末病叶多转为深红色，叶片卷曲。果实染病，果面产生橙红色圆形斑，最后病部变为红黑色，其上散生许多深红色小粒点	开花末期及叶芽萌发时，喷1∶2∶200倍式波尔多液；谢花至幼果膨大期，喷施80%代森锰锌可湿性粉剂500倍液＋50%异菌脲可湿性粉剂8 000倍液
细菌性穿孔病	5月上、中旬开始发生，6月为盛发期	主要危害叶片。发病初期，产生多角形水渍状斑点，后期病斑干枯、脱落，形成穿孔，病叶极易早期脱落	在芽膨大前，全树喷施1∶1∶100等量式波尔多液；发病初期可喷施3%中生菌素可湿性粉剂300～400倍液

主要病虫害	发生时期	症状	防治方法
侵染性流胶病	1年中有2个发病高峰。第一次在5月上旬至6月上旬，第二次在8月上旬至9月上旬	发病枝干树皮粗糙、龟裂，不易愈合，流出半透明白色柔软的胶状物，遇空气变成黄褐色，易导致树势衰弱	发芽前，刮除流胶病组织，涂抹45%晶体石硫合剂30倍液；生长期可用70%甲基硫菌灵800～1 000倍液或1.5%多抗霉素水剂1 000倍液喷施
红颈天牛	每年3-4月开始活动，在皮层下和木质部钻不规则的隧道	受害树干基部有一堆堆木屑，秋季树干内部出现很多弯曲虫道。受害后树势衰弱，展叶少、叶片小；严重时整株枯死	在成虫发生时期，喷10%高效氯氰菊酯乳油1 000～2 000倍液；产卵期内，在树干或主枝上涂白以阻止成虫产卵；6月中旬幼虫孵化时挖出皮下幼虫杀死
李小食心虫	1年发生1～4代，越冬幼虫翌年4月下旬化蛹，越冬代成虫于5月中旬开始出现	以幼虫蛀果危害，早期入果孔为黑色，数日后即有虫粪排出；豆粒大的果实极易大量脱落，以后被害果在入果孔流出大量水珠状果胶滴	李树开花前，在树干周围培土10厘米厚并踩实，将刚羽化的成虫闷死；药剂可选择48%的毒死蜱乳油800～1 000倍液或20%的氰戊菊酯乳油2 000倍液

主要参考文献

柴冉霞，2008.李树花果管理技术[J].河北林业科技(5)：93.

陈杰忠，2003.果树栽培学各论[M].北京：中国农业出版社：341.

段志坤，2002.李树花果管理技术要点[J].柑橘与亚热带果树信息(5)：30-31.

何锦标，2015.芙蓉李高产栽培技术[J].现代农业科技(5)：120.

贾永祥，胡瑞兰，等，2000.看图剪梨树[M].北京：中国农业出版社.

刘红彦，等，2013.果树病虫害诊治原色图鉴[M].北京：中国农业科学技术出版社.

刘元士，2003.李树流胶病的防治[J].中国农村科技(9)：35-36.

牛俊义，董连权，2001.山地李树密植丰产栽培技术[J].中国果树(3)：60-62.

潘平武，2004.李树整形修剪和花果管理技术[J].邯郸农业高等专科学校学报(2)：21-23.

杨英军，张要战，李秀珍，等，2003.李树优良品种介绍[J].河南农业科学(3)：45-46.

张玉星，2003.果树栽培学各论（北方本）[M].北京：中国农业出版社.

赵玉辉，2002.三种砧木对李树 (*Prunus* Lindl.) 影响的初步研究和评价[D].河北农业大学.

钟晓红，1994.李树授粉试验及其花粉生活力测定[J].湖南农业大学学报(2)：18-20.

朱佳满，王强，2003.适合北方地区栽植的李树良种[J].西北园艺(10)：38-39.

第十四章

柿

一、概述

柿是柿科柿属植物中作为果树栽培的代表种，其品种根据果实脱涩与种子产生的挥发性产物间的关系可分为完全甜柿和非完全甜柿两类；后者又可细分为不完全甜柿、不完全涩柿和完全涩柿。而完全甜柿类型无需人工脱涩、去皮即可脆食，改变了人们传统的食用习惯，正在成为一种新的世界性果树。

主要砧木为君迁子，砧根系较浅，侧根和须根发达，因而较抗旱、较耐瘠薄，且耐寒性较强，与涩柿和部分甜柿品种嫁接亲和。富有系甜柿直接嫁接君迁子不亲和，需要以栽培柿或野柿作共砧。

要求适宜pH范围5.1～8.3，最适范围5.3～6.8。适宜生长在年平均温度13℃以上，4-10月有叶期平均温度17℃以上，8-11月果实成熟期18℃以上，温差8.5～9.5℃地区，发芽至落叶无霜冻，休眠期不低于-13℃，4-10月日照在1 400小时以上。

二、栽培日历

柿栽培日历见表14-1。

表14-1　柿栽培日历

项目	1月	2月	3月	4月	5月	6月	7月	8月	9月	10月	11月	12月
●栽植				(严寒期除外)								
●修剪管理												
●花果管理	疏花芽				疏蕾	疏果		套袋				
●采收												
●施肥												

三、品种选择

柿主栽品种见表14-2和图14-1。

表14-2　柿主栽品种

品种	采收期	果实形状	果实颜色	单果重（克）	特征
早秋	9月中、下旬	扁圆	橙红	185	与君迁子嫁接亲和力差。汁液多，浓甜，果肉无褐斑，松脆（熟过后稍软）
太秋	10月上、中旬	扁圆	橙红	260	与君迁子嫁接亲和力差。汁液中多，甜，松脆，抗圆斑病，品质极佳
阳丰	10月中、下旬	扁圆	橙红	170	耐贮运，货架期长，果肉无褐斑，肉质中等密，稍硬，味甜，松脆，汁液少，品质中上等
次郎	10月中、下旬	扁方	橙红	195	褐斑小而少，纤维多，肉质脆，汁液多，味甜，品质中上等，宜硬食

 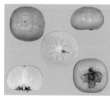  

　　1　　　　　　　　2　　　　　　　　3　　　　　　　　4

图14-1　柿主栽品种果实特征
1.早秋　2.太秋　3.阳丰　4.次郎

四、栽植和整形修剪

以变则主干形的培育为例。

（一）第一年（栽植）

一般于11月至翌年3月（严寒期除外）定植。定植穴长、宽、深均不小于80厘米。每穴施腐熟的优质农家肥50～75千克。将表土与底肥充分混匀，施入穴下部至地表50厘米处，然后填入一部分表土，灌水沉实后栽植。根系充分舒展，苗木直立。5月初，覆上园艺地布保水增温促发新根（图14-2至图14-4）。

图14-2　变则主干形

图14-3　起垄栽植

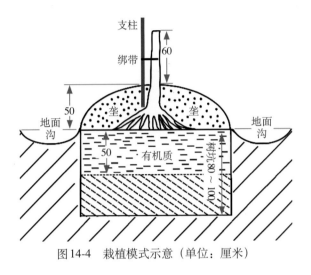

图14-4　栽植模式示意（单位：厘米）

（二）第二年

中心干延长枝剪留70厘米左右，枝头轻短截，培养结果枝组，增加主枝开张角度（图14-5、图14-6）。

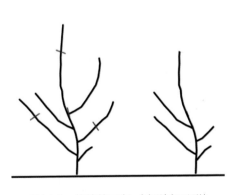

图14-5　栽植第二年（变则主干形）

图14-6　幼树整形（变则主干形）

第三芽枝和第四芽枝一般开张的角度较大，让其自然生长，主干头选出主枝预备枝。侧枝适度短截，第一主枝的主、侧延长枝头轻短截，疏除强旺、过密枝，其他枝条缓放、开角，培养成结果枝组（图14-7）。

（四）第四年

培养侧枝，疏除直立枝（图14-8）。

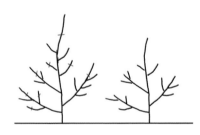 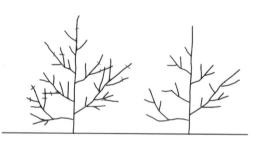

图14-7　栽植第三年（变则主干形）　　　图14-8　栽植第四年（变则主干形）

（五）第五至六年

树顶端中心枝干剪截，控制树高，仅留下4个主枝组，多余枝组均疏除。各主枝不重叠、不平行（图14-9、图14-10）。

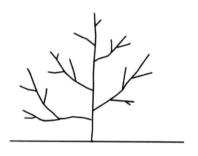

图14-9　栽植第五至第六年（变则主干形）

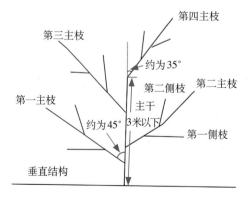 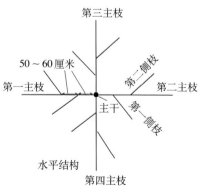

图14-10　变则主干形模式

144

五、生长与管理

生长与管理周期见图14-11。

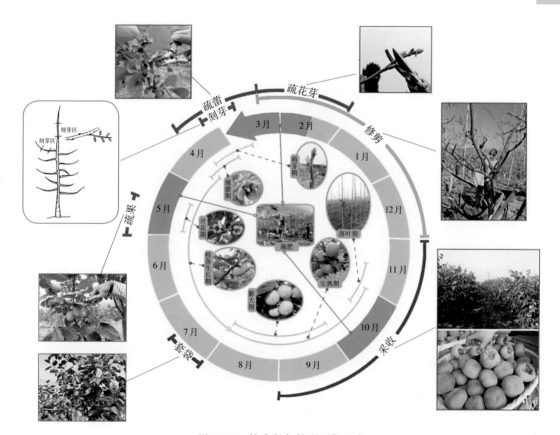

图14-11　柿生长与管理周期示意

（一）春季（3—5月）

现蕾后至开花前进行补充修剪，明确结果枝，调整枝、花量。剪去不必要的枝叶，可减少营养消耗；通过延迟修剪，削弱顶端优势，抑制旺枝的生长势。通过疏蕾，减少过多花量，加强通风透光，提高坐果率和果实品质，减轻大小年现象。

1.疏花芽　甜柿的花芽一般是枝梢的顶芽和顶芽下的3～5个芽，一般要求疏掉50%左右，每个花束状的短果枝隔一个疏去一个，强果枝多留一点，弱果枝少留一点，弱树多疏，强树少疏。最佳疏花芽时期在萌芽前5～7天（图14-12）。

2.刻芽   对一年生旺枝进行刻芽，促发中短枝（图14-13）。

图14-12　疏花芽　　　　　　　　图14-13　刻芽

3.疏蕾   一般在开花前1个月内即可进行疏蕾，最佳疏蕾时期是在开花前10～15天。太秋叶果比20∶1左右最为适宜（图14-14）。

4.疏果   疏果在5月中、下旬出现落果之后进行，7月上、中旬完成。疏果时，应以成年柿园的标准产量来推算结果个数，并由此推算出结果枝数和留果数，并要保持每个果枝的叶果比达到20∶1左右，以达到高产、稳产和优质（图14-15）。

图14-14　疏蕾　　　　　　　　　图14-15　疏果

（二）夏季（6—8月）

1.抹芽   粗枝锯口附近或拱起部分，隐芽会大量萌发。于5—7月在新梢基部木质化之前，抹去向上或向下及多余的嫩梢，留下侧面向上斜伸的新梢，以培养成结果母枝（图14-16）。

2.摘心   徒长枝一般要全部疏去，对用于补空用的徒长枝可在30～40厘米处摘心，促生

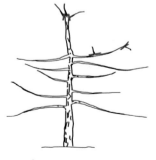

图14-16　抹芽

分枝。现蕾后在花蕾的上方留3～4片叶摘心，节约养分供留下的叶蕾生长发育。

3.拉枝　6月新梢木质化以前，按理想角度和方向拉枝，7、8月分别待新梢长至一定长度，再按理想角度拉一次枝，使枝条按理想状态生长（图14-17）。

4.套袋　于7月中、下旬进行套袋，减少病虫害，提高果品的外观质量（图14-18）。

图14-17　幼树拉枝整形　　　　图14-18　套袋

（三）秋季（9—11月）

1.剪秋梢　8月下旬至9月上旬将旺枝先端不充实部分剪去，以减少养分的消耗，促使下部芽发育或形成结果母枝。

2.采收　涩柿宜在果皮转黄而未泛红，种子已呈褐色时采收。甜柿在果皮变红而肉质尚未软化时采收为宜（图14-19）。

图14-19　完熟采收期

（四）冬季修剪（12月至翌年2月）

1.主、侧枝延长头的修剪　延长枝的延伸方向要与主、侧枝伸展方向保持一致。延长枝苗壮的，于1/3处饱满芽上方短截；主、侧枝太强的，去强换弱；延长头太弱的，去弱留强。

2.结果枝组与结果母枝的修剪　结果枝组在骨干枝上配置是否合理，是丰产的关键，使主枝和侧枝水平与垂直方向都呈三角形。结果枝组在主、侧枝上的排列要左右错开，4～5年更新1次，根据树龄、树势和栽培管理等情况确定计划产量，再算出应留的结果母枝数。

3.发育枝的修剪　对具有2～3次梢的发育枝，应截去不充实部分；20～45厘米长的发育枝最容易形成结果母枝，过长的可截去1/3。

4.徒长枝的修剪　从基部疏去徒长枝，但当树形出现较大空隙时，也可短截补空，培养成结果枝组。

冬季修剪见图14-20。

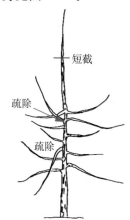

图14-20　冬季修剪

六、病虫害防治

病虫害防治见表14-3和图14-21。

表14-3　柿主要病虫害及防治方法

病害名称	发生时期	发病（害虫发生）规律	防治方法
炭疽病	5-9月	主要危害新梢和果实，叶片偶有发病，严重可引起枝条枯死、早期落果和叶片脱落	增强树势，减少病原菌菌源，化学防治关键时期为萌芽前、谢花后和幼果期
圆斑病	6-10月	主要危害叶片，病原菌不产生无性孢子，每年只有初侵染，无再侵染	清园结合化学防治，化学防治关键期为6月中、下旬
顶腐病	8-10月	果实矿质元素失调导致的生理性缺钙。发病时果顶出现黑褐斑，果实快速软化脱落	休眠期增施有机肥，结合果面喷施高纯钙，果面喷施高纯钙时期为落花后20天，连续喷施3次，每次间隔20天

（续）

病害名称	发生时期	发病（害虫发生）规律	防治方法
柿绵蚧	5~10月	山东地区一年发生4代，可危害叶片、枝条和果实。幼果受害后变软脱落，成熟受害果品质降低	化学防治最适期分别为5月上、中旬与第一代若虫孵化盛期6月上、中旬
柿蒂虫	5~9月	一年发生2代，幼虫钻食柿果、柿蒂，造成幼果发红、变软，提前脱落	摘除病果，化学防治关键期为2次幼虫发生高峰期，即为5月中、下旬至6月上旬和7月、下旬至8月中旬

图14-21　柿主要病虫害危害状

1.炭疽病症状　2.圆斑病症状　3.顶腐病症状　4.柿绵蚧危害状　5.柿蒂虫危害状

主要参考文献

龙兴桂,冯殿齐,苑兆和,等,2018.中国现代果树栽培（下册）[M].北京：中国农业出版社：1631-1677.

第十五章

枣

一、概述

枣是我国原产的十分宝贵的果树种类，属于喜温果树，产区年均温15℃左右，芽萌动期温度需要在13～15℃，抽枝展叶期温度在17℃，开花坐果期温度在22～25℃，果实成熟期温度在18～22℃。枣树针刺发达，叶片纤细，生长缓慢。枣树开花期要求较高的空气湿度，否则不利于授粉坐果。另外，枣喜光性强，对光反应较敏感，耐旱、耐涝、耐盐碱、耐瘠薄能力较强，除适于一般农田种植外，也可作为开发土壤贫瘠地区的先锋树种，在内陆、滨海盐碱地区和丘陵山地栽种（图15-1）。

枣树年生长期短，在淮河、秦岭以北的北方地区，一般在4月中、下旬发芽，5月下旬至6月上旬进入盛花期，9月上旬至10月上旬果实成熟采收，

图15-1　不同地形和土壤类型枣树栽培
1.丘陵　2.平原　3.山地　4.沙石地　5.盐碱地　6.红壤

10月中、下旬至11月初落叶，年生长期6～7个月。在淮河、秦岭以南的南方地区，发芽开花有所提前，落叶有所推迟，年生长期7～9个月。

二、品种选择

枣主栽品种见表15-1及图15-2至图15-5。

表15-1　枣主栽品种

| 种类 | 主栽品种 | 果实 | | | | 树体特性 | 抗逆性适栽区域 |
		成熟期	单果重（克）	果实特性	可溶性固形物含量（％）		
鲜食	鲁北冬枣	晚熟	14	果实近圆形，皮薄，肉细脆，汁液多	40	树势强，树姿较开张，干性较强，成枝力强	风土适应性稍差，不耐瘠薄和干旱，幼树耐寒力差
	沾冬2号	晚熟	21.9	果实扁圆形，果肉细嫩多汁	38	树势中庸，成枝力弱，易坐果	抗旱，耐盐碱，较抗病虫，裂果稍重，肥水需求量高
	早秋红	早熟	18.5	果实长倒卵形，肉质细，汁液中多	35.7	树势强，树姿直立，干性中等，发枝力中等	对气候适应力强，但栽培地要求土层深厚、土质良好。成熟期遇雨裂果轻，抗病性较强
	月光	极早熟	10～13	果实两头尖，皮薄，肉细脆，汁液多	28.5	树势中庸，发枝力弱，干性较强	抗寒性、抗缩果病能力较强，裂果较轻
	鲁枣2号	早熟	15.5	果实长倒卵形，肉质细，疏松，汁液中多	35.7	树势强，树姿直立，干性中等	适应性强，抗干旱，耐涝，裂果轻，较耐瘠薄
制干	圆铃1号	中熟天	16～18	果实平顶锥形或短柱形。皮中厚，肉硬、致密，制干率60％左右	33	树势中等。结果稳定，落果少，产量较高	成熟期遇雨不裂果，风土适应性强

种类	主栽品种	果实				树体特性	抗逆性适栽区域
		成熟期	单果重（克）	果实特性	可溶性固形物含量（%）		
制干	圆铃2号	中晚熟	13～14	果实短筒形，皮中厚，肉细硬，制干率60%以上	34	树势中等。落果轻，产量高而稳定	成熟期遇雨不裂果。风土适应性较强
	茌圆金	中晚熟	21.7	果实扁圆形，皮中厚，肉硬，汁少味甜，制干率61%	32.5	树势强壮，树姿直立，发枝力强，丰产	抗裂果，抗旱，耐瘠薄，抗枣疯病，不耐涝
干鲜兼用	长红枣	中熟	11	果实中等大，皮中厚，肉略脆、较松，制干率45%左右	32～34	树势强，干性较强，坐果稳定，落果轻，高产	抗旱，耐瘠薄，适宜夏季温热、土壤较薄的丘陵、山区发展栽培
	金丝4号	中晚熟	10～12	果实长筒形，皮薄，果细脆，汁液多，制干率55%左右	37.5～42	树势较强，早实性极强，极丰产	适应性强，耐瘠薄，果实抗病，裂果轻
	鲁枣5号	中熟	10.5	果实椭圆形，整齐度较高。果皮鲜红色，中厚，果肉绿白色，肉质细、疏松，汁液中多，味酸甜，干枣优质果率69.5%	37.6	树势强，主干直立，发枝力中等，早实	耐瘠薄，抗干旱，耐涝，果实病害轻，最大特点为不裂果
	灰枣	中熟	12.3	果实长倒卵形，大小整齐。果皮棕红色，果肉较致密、较脆，汁液中多，制干率50%左右	30	树体中等大，树姿开张，早实、极丰产、稳产	适应性强，耐盐碱，较抗风，易裂果
观赏	磨盘枣	中熟	7～10	果实石磨状，果皮紫红色，较厚，果肉白绿色，粗硬，汁液少，甜味较淡，制干率50.5%	33～38.5	树体较高大，树姿开张，发枝力强	适应性较强，抗寒、耐旱、耐盐碱，抗风力中等，果实抗裂、抗病性强

（续）

种类	主栽品种	果实				树体特性	抗逆性适栽区域
		成熟期	单果重（克）	果实特性	可溶性固形物含量（％）		
观赏	龙枣	中熟	3.1	果实扁柱形，果皮红褐色，较厚，果肉绿白色，肉质粗硬，汁液少，鲜食品质差，制干品质中下	26.6	树体中等偏小，生长势较弱，树姿开张，枝条左右前后扭曲生长或盘结生长，二次枝发育较差，枝形扭曲生长，但不盘结成圈，结果枝亦左右弯曲生长	适应性强，抗风力中等，成熟期间基本不裂果，果实病害少，适于各地盆栽和庭院栽种
	茶壶枣	中熟	4.5～8.1	果实茶壶形，果皮深红色，皮薄，果肉绿白色，粗松略绵，汁液中多，味甜略酸，鲜食品质中等	24～25.5	树势和发枝力中等	适应性强，果实抗裂、抗病，适宜布置庭院和盆栽观果

　　1　　　　　　　2　　　　　　　3　　　　　　　4

图15-2　当前主栽鲜食品种
1.鲁北冬枣　2.沾冬2号　3.早秋红　4.月光

　　1　　　　　　　　2　　　　　　　3

图15-3　当前主栽制干品种
1.圆铃1号　2.圆铃2号　3.茌圆金

图 15-4　当前主栽干鲜兼用品种
1.金丝4号　2.鲁枣5号　3.灰枣

图 15-5　当前主栽观赏品种
1.磨盘枣　2.龙枣　3.茶壶枣

三、栽植和树形培养

（一）普通栽培

一般南北行向，生长势弱的品种株行距可为（3～4）米×（4～6）米，生长势强的品种株行距可为（4～6）米×（5～7）米。

（二）密植栽培

密植栽培一般南北行向定植，株行距（1～3）米×（2～4）米。矮化栽培，树高一般控制在1.6～2.4米。在新疆等地还有高密植栽培方式，株行距（1～2）米×（2～3）米。冬季平茬，培土防寒。

（三）间作栽培

间作栽培宜采用南北行向栽植，株行距一般为（3～4）米×（6～10）米，与粮食间作的株行距可适当增大至（3～5）米×（10～12）米。间作栽培下，枣树树高最好控制在5米以下，干高控制在1.4米最佳。

（四）设施栽培

当前最多采用避雨和促成栽培。

避雨栽培目的是防雨、防止枣果实裂果。避雨栽培设施搭建比较简单，不必在园区建设之初就进行建设，可在枣树开始形成产量之初，利用竹木、塑钢、水泥等搭建防雨棚（图15-6）。

促成栽培目的是使枣果提早成熟上市，主要用于鲜食枣的栽培。促成栽培的方式主要有单栋塑料大棚、连体塑料大棚、日光温室等（图15-7）。促成栽培的建园，最好是在规划设计的基础上，先建大棚或温室，再栽植枣树。但也可根据实际情况，在已挂果的枣园修建大棚，或边修建边栽植。

图15-6　简易避雨棚　　　　图15-7　日光温室

四、土肥水管理

（一）施肥方法

1.条沟施肥　在树冠垂直投影内外，挖宽20～30厘米、深40厘米的条状沟（图15-8）。将肥料施入，也可结合深翻进行。每年更换位置，利用机械化操作，适用于宽行密株栽培的枣园。

2.有机物覆盖　有机物覆盖主要包括秸秆覆盖、稻草覆盖、树皮覆盖等（图15-9）。覆盖条件下土温的年、日变化趋于缓和，低温时有增温效

图15-8　枣园机械开沟

应，在春季有调节地温的滞后作用，可抗御倒春寒对枣树的危害，高温时有降温效应，在夏季高温时可降低土壤温度，防止干热风出现。

图15-9　有机物料准备（左）和腐熟（右）

3.袋控缓释肥　肥料经袋控缓释处理的土壤有效养分浓度稳定，而经散施处理的土壤养分浓度波动大（图15-10）。施用控释肥量的标准：袋控肥的规格是90～95克/袋，根据每株枣树产量来确定施肥量。株产25千克以下施用6袋，50千克施用10～12袋，60千克施用12～14袋，75千克施用15～17袋，90千克施用18～20袋，100千克施用20～25袋，150千克施用30袋。

4.地布覆盖　覆膜可以提高地温，防土壤板结、防旱、防涝、防水土流失、防返盐（图15-11）。但是地膜覆盖使夏季地温会超过枣树根系生长上限温度，不利于枣树的生长；同时覆膜影响地表透气性，二氧化碳释放速率较低，土壤微生物活性不高，将影响枣树根系生长，降低土壤物质代谢强度。

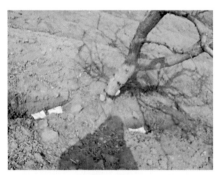

图15-10　袋控缓释肥施肥示意　　　图15-11　枣园覆盖园艺地布

当前，较流行的是园艺地布，透气、透水性好，保水、防草效果明显，在枣园中已开始推广使用。可以降低根蘖的发生率，抑制根蘖生长。

（二）节水灌溉技术

水肥一体化技术是将灌溉与施肥融为一体的农业新技术（图15-12）。要实现水肥一体化，首先要建立一套滴灌系统，配备施肥系统，选择合适的肥料，按照规范的操作规程实施。因此，对一般小型枣园来说，费用较高，不宜推广。

图15-12　枣园水肥一体化设备

五、整形修剪（高光效树形）

随着枣产业发展，栽培管理技术以省力、高效为中心。小冠疏层形和自由纺锤形是适合机械操作的高光效树形。

（一）小冠疏层形

1.第一年　定干、确定中心干、培养第一层主枝。

定干：苗木干径超过1.5厘米枣树，定干高度为80厘米；苗木干径小于1.5厘米，则定干高度20厘米左右。在顶端芽体生长至1米时，进行顶端摘心，第二年再进行80厘米定干。

确定中心干：定干时剪口下所有侧枝疏除，由剪口下第一个芽体萌发的枝条作为中心干。

培养第一层主枝：选留第一节芽体下最近的芽体萌发的3～4个枝条作为第一层主枝，最底层主枝高度不能低于50厘米。当中心干生长至60厘米左右时，用竹竿绑缚，同时对选留的主枝枝条进行拉枝，角度为70°左右。

2.第二年　培养第二层主枝。

休眠期：选留树干上处于休眠状态的侧芽和2～3年生侧枝侧芽的发育枝作为骨干枝培养。

旺长期：夏季用撑、拉、别等方法，调整延伸方向和开张角度培养理想的主侧枝。

生长后期：对枝长超过1～1.5米的主侧枝，在中部饱满芽处重截或回缩。

根据需要对主侧枝延长枝摘心或短截，促进剪口下部的侧芽发育充分。

落叶后：对短截过的主侧枝延长枝，在剪口下剪去2～3个二次枝，促使枣头萌发，形成原枝的延长枝和侧生分枝。

3.第三年　培养第三层主枝。

主、侧枝的中下部，枣头延伸空间大，可培养大型结果枝组，当枣头达到一定长度之后，及时摘心，使其下部二次枝加长加粗生长。生长势弱，达不到要求的枣头可缓放1年进行。

主、侧枝的中上部，枣头延伸空间小，为保证通风透光条件，层次清晰，应培养中型枝组。生长弱的枣头，可培养3～4个二次枝的小型枝组，安插在大、中型枝组间。多余的枣头，应从基部剪除，以节约养分，防止互相干扰。

（二）自由纺锤形

苗木干径超过1.5厘米枣树，定干高度为80厘米。苗木干径小于1.5厘米，则定干高度20厘米左右，在顶端芽体生长至1米时，进行顶端摘心，第二年再进行80厘米定干。

定干后距地面0.5米以上的二次枝均保留，在二次枝2～3个枣股处短截，促其萌芽，在生长期选位置合适的方向错开，生长势强的新生枝条作主枝培养，其余枝从基部疏除。

当新枝长到6～8个二次枝时摘心，并及时拉枝调节树势。中心干萌发新枝长到8～10个二次枝时，对不做主枝培养的萌芽强摘心或抹芽。主枝之间距离不少于0.2米。

定干后第二年短截枣头，促新枝萌发形成新枣头，当新枣头长至有8个二次枝时摘心。主枝上二次枝全部短截只留2个枣股，培养侧枝。

定干后第三年同上述处理方法，各主枝下层留4～5个结果枝，上层留3～4个，每个结果枝留4～5个二次枝摘心。树冠达到2.5米时落头。

六、花果管理

枣的花量大，但落花落果严重，自然坐果率仅为1%左右。提高坐果率，减少落花落果，是枣树能否丰产、稳产的重要制约因素之一。

（一）花期放蜂

枣花是典型的虫媒花，蜜蜂为最好的传粉媒介，花期放蜂可提高枣树坐果率1倍以上。花期将蜂箱均匀地摆放在枣园中，蜂箱间距不超过300米（图15-13）。

图15-13　花期放蜂

（二）花期开甲

开甲能调节营养物质的运输与分配，使光合产物集中作用于开花和坐果，提高坐果率。

开甲一般在盛花期及幼果期进行。首次开甲应在主干距地面15～20厘米处进行，甲口宽度3～7毫米，以后每年上移5厘米，开甲后绑缚塑料薄膜进行甲口保护。还可以采用环割、"砑枣"和装促果器等方式促进坐果（图15-14）。

图15-14　枣树环割（左）和促果器（右）促进坐果方式

（三）枣头摘心

枣头生长到一定节数后，留2～6个二次枝进行摘心（图15-15）。摘心强度因品种和树势而异，木质化枣吊结果能力强的品种和树势强的品种可重摘心，二次枝随生长随摘心，枣头中下部二次枝可留6～9节，中上部二次枝可留3～5节进行摘心。

图15-15　枣头摘心

（四）抹芽

枣树发芽后至开花前，去掉多余芽体（图15-16）。抹芽可集中树体营养，使留下来的芽体得到充足的营养，促进生长发育、开花结果。

1   2   3   4

图15-16　抹芽
1.选择抹芽位置　2.芽体剪除　3.疏除干枝　4.抹芽后状态

（五）花期喷水和生长调节剂

花期遇高温干旱，可在枣树盛花期上午8—10时，或下午4—6时对枣树喷水2～3次，严重干旱年份可喷3～5次，每次间隔1～3天。

同时在盛花期喷15毫克/千克赤霉素（图15-17），以减少落花落果，提高坐果率，一般喷施1次，若坐果不好，补喷1次。于采果前30～40天喷1～2次15毫克/千克萘乙酸，防止采前落果。

图15-17　盛花期喷赤霉素

（六）防止裂果

根据当地气候特点选择成熟期较早或较晚，能避开当地连阴雨天气，果皮和角质层较厚的抗裂果品种。目前较抗裂的品种有鲁枣5号、金丝4号、早秋红、长红枣、赞皇大枣、鲁北冬枣、鲁枣2号等。

通过搭建防雨棚，进行避雨栽培（图15-18）。目前防雨棚的模式有单线防雨棚、单行独立钢架结构防雨棚、单行联体钢架结构防雨棚、多行竹木结构防雨棚、坡地简易防雨棚等。

避雨栽培关键是把握好覆膜时间。一是花期若遇干旱，在上午10时前或下午5时后覆盖塑料薄膜，并给枣园浇一次水（或喷水），增加枣园湿度，提高坐果率。二是在枣果脆熟期，若遇到阴雨天气需加盖塑料薄膜，防止裂果；其他时期不覆膜。覆膜只进行顶部覆盖，四周仍通风透气，若防雨棚搭建较低，要注意下雨时及时覆盖，雨后及时揭膜通风。

图15-18　不同类型的防雨棚
1.单线防雨棚　2.撑伞防雨棚　3.单行独立钢架结构防雨棚
4.单行联体钢架结构防雨棚　5.多行竹木结构防雨棚
6.坡地简易防雨棚

七、病虫害防治

枣常见病虫害及防治见表15-2及图15-19至图15-25。

表15-2　枣常见病虫害及防治

病虫害种类	发生时期	形态及危害症状	防治方法
枣疯病	全年	花变叶，花柄延长，为正常花的3~6倍，萼片、花瓣、雄蕊、雌蕊均变成小叶，一朵花变成2~3厘米的小枝，一个花序变成一丛小枝；丛枝状，枝条顶芽和腋芽萌生为丛生枝，冬季不易脱落	发现病树立即刨除，且要刨净根部
枣锈病	7月下旬至8月中、下旬	发病初期，叶背散生淡黄色小点，后渐变凸起呈暗黄褐色（夏孢子堆），常使枣树在果实膨大期至转色期大量落叶	北方枣区一般在7月上旬、下旬各喷布1次1:3:200的波尔多液，流行年份8月上旬再喷布一次
炭疽病	果实膨大期	枣炭疽病主要危害果实，也可侵染叶片、枣吊、枣头和枣股。果实染病后，在受害处先呈淡黄色水渍状斑点，后扩大为不规则黄褐色斑块，中间圆形凹陷，最后病斑连片呈现黑色，病斑下的果肉呈黄褐色或粉红色，味苦不能食用。叶片受害后变黄绿色，落叶早，有的呈黑褐色焦枯状悬挂在树枝上	萌芽前喷施3~5波美度石硫合剂，以杀死越冬的病原菌；发病前喷布1:3:200的波尔多液，果实近成熟期连续喷布3~4次50%多菌灵可湿性粉剂600倍液，或25%戊唑醇水乳剂2 000倍液，70%代森锰锌可湿性粉剂700倍液，25%咪鲜胺水剂750倍液，25%阿米西达悬浮剂1 250倍液等，雨季可每周喷1次
缩果病	白熟后期	枣果白熟后期开始出现症状，先是肩部或胴部出现淡黄色晕状斑点，后逐渐扩大为不规则的水渍状斑块，边缘色浅模糊，最后病斑转为暗红色，果肉呈土黄色，松软萎缩，味苦，无食用价值	萌芽前喷施3~5波美度石硫合剂；7月中、下旬开始每隔10天喷布50%多菌灵可湿性粉剂600倍液，或80%代森锰锌可湿性粉剂600倍液
桃小食心虫	幼果期至果实成熟期	幼虫蛀果后直达果核，在核周围蛀食，果内积满虫粪，果实提前变红、易脱落，严重时脱果率达90%	7月上旬至8月下旬幼虫孵化期每隔10~15天喷施48%毒死蜱乳油1 000~1 500倍液，或2.5%溴氰菊酯乳油3 000倍液

（续）

病虫害种类	发生时期	形态及危害症状	防治方法
枣瘿蚊	萌芽期至幼果期	受害嫩叶向叶面纵卷呈筒状，呈现紫红色，质硬而脆，不能展开，最后变黑枯萎，枣树萌芽展叶时，结果枝抽生、展叶及开花结果受到严重影响；花蕾被害后，花萼膨大，不能开放；幼果受害后易变黄脱落	4月中、下旬枣树萌动时，间隔10天喷1次，连喷2～3次，可选用48%毒死蜱乳油1 000～1 500倍液，或25%灭幼脲悬乳剂1 000～1 500倍液，1.8%阿维菌素乳油2 500～3 000倍液，10%氯氰菊酯乳油2 000～3 000倍液
绿盲蝽	萌芽期至幼果期	嫩芽、嫩叶受害，先呈现失绿斑点，后变黄枯萎，逐渐变为不规则的孔洞，叶片呈破碎多孔的箩底状；花蕾受害，停止发育而枯落，受害严重的枣树花蕾几乎全部脱落，以至绝产；枣吊受害，不能正常伸展而弯曲；幼果受害，有的出现黑色坏死斑，有的出现隆起的小疤，其果肉组织坏死，大部分受害果脱落	发芽前，全园喷施1次3～5波美度石硫合剂；萌芽期，10天喷药1次，以早晨和傍晚喷药为佳，可选用4.5%高效氯氰菊酯乳油2 000～3 000倍液，或48%毒死蜱乳油2 000倍液，10%联苯菊酯乳油2 000～3 000倍液，70%吡虫啉水分散粒剂8 000～10 000倍液，着重喷树干、地上杂草及行间作物，做到树上树下喷严、喷全

1　　　　　　　　　2

3　　　　　　　　　4

图15-19　枣疯病症状
1.花器返祖　2.主干及根部萌生丛生枝　3.叶片黄化、枝叶丛枝状　4.丛枝冬季不脱落

1　　　　　　　　　　　2

图15-20　枣锈病症状
1.叶片背面的孢子堆　2.叶片早期脱落

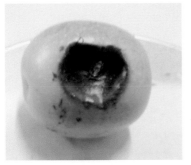

图15-21　枣炭疽病症状　　　　图15-22　枣缩果病症状

图15-23　桃小食心虫　　　1　　　　　　2
危害枣果　　　　图15-24　枣瘿蚊危害状
1.枣瘿蚊幼虫　2.受害嫩叶

1　　　　　　　　2　　　　　　　　3
图15-25　绿盲蝽危害状
1.绿盲蝽成虫　2.危害枣花状　3.危害枣头状

　　另外，枣树还存在枣黏虫、枣尺蠖、红蜘蛛、龟蜡蚧、黄刺蛾等虫害，在防治以上桃小食心虫等虫害时，可有效兼防。枣黏虫等见图15-26。

图15-26　其他枣树害虫
1.枣黏虫　2.枣尺蠖　3.龟蜡蚧

主要参考文献

王中堂,2011.有机物料覆盖对桃园土壤理化性质及桃生长结果的影响[D].泰安:山东农业
　大学.

张琼,周广芳,2015.枣高效栽培[M].北京:机械工业出版社.

第十六章

核　桃

一、概述

核桃是我国南北方普遍栽培的重要坚果，营养价值和经济价值高。

核桃适宜栽培环境为年均温 9 ~ 16℃，极端最低温度不低于 −30℃，极端最高温度 38℃以下，无霜期 150 天以上。土层厚度在 1 米以上，土壤 pH 适宜范围为 6.5 ~ 7.5，含盐量宜在 0.25% 以下，地下水位应低于 2 米。

核桃雌雄异熟，风媒传粉，需配置授粉树。

二、品种选择

主栽品种见表 16-1 及图 16-1 至图 16-5。

表 16-1　主栽品种

品种名	坚果	物候期	抗逆性	适栽区域
岱香	圆形，壳面较光滑，缝合线紧，粗而稍凸，单果重 13.5 克。壳厚 1.1 毫米，核仁饱满，易取整仁，出仁率 55%~60%	泰安地区 3 月下旬发芽，4 月中旬雄花开放，4 月下旬为雌花期，雄先型。9 月上旬坚果成熟。11 月上旬落叶	矮化紧凑型品种，适宜土壤肥沃的平原地区精细化栽培	山东、山西、河北、河南等
秋香	圆形，壳面光滑，缝合线紧、平，单果重 13.0 克。壳厚 1 毫米，易取整仁，出仁率 53%	泰安地区 3 月底萌动，4 月上旬萌芽，雌花期 4 月 20 日左右，果实 9 月上旬成熟	萌芽晚，比香玲晚两周，可有效避开晚霜危害	山东、山西、河北、贵州等

（续）

品种名	坚果	物候期	抗逆性	适栽区域
鲁核1号	圆锥形，壳面光滑，缝合线紧，不易开裂，耐清洗及运输，单果重13.2克。壳厚1.2毫米，可取整仁；核仁饱满，出仁率55%	泰安地区，3月下旬发芽，雄花期4月中旬，雌花期4月下旬，雄先型。8月下旬果实成熟，11月上旬落叶	速生、早实、优质、抗逆性强，果材兼用型品种	山东、山西、河北、河南等
鲁果6号	长圆形，单果重14.4克。壳光滑美观，缝合线窄而平紧。壳厚1.2毫米左右，核仁充实饱满，易取整仁，出仁率55.36%	泰安地区3月下旬萌发，4月上旬为雌花期，4月中旬为雄花期，雌先型。8月下旬坚果成熟，11月上旬落叶	丰产，抗旱，较抗病。适宜于土层肥沃的地区栽培	山东、山西、河北、河南等
礼品1号	圆形，单果重9.7克。壳面光滑美观，缝合线窄而平紧。壳厚0.6毫米，极易取整仁，出仁率为70%左右	大连地区4月中旬萌动，5月中旬为雌花期，雄先型。9月中旬坚果成熟，11月上旬落叶	抗旱、抗病虫，丰产稳产	北方核桃产区
礼品2号	圆形，单果重13.5克。壳面光滑，缝合线窄而平紧。壳厚0.7毫米，易取整仁，出仁率为67.4%左右	大连地区4月中旬萌动，5月上旬为雌花期，5月中旬为雄花期，雌先型。9月中旬坚果成熟，11月上旬落叶	抗旱、抗病虫，丰产稳产	北方核桃产区

图16-1　岱香坚果

图16-2　秋香坚果

图16-3　鲁核1号坚果

图16-4　礼品1号坚果

图16-5　礼品2号坚果

三、栽植和树形培养

（一）栽植

1.挖栽植沟　秋季挖好栽植沟，沟宽与沟深为1米，挖沟时将表土与生土分别堆放（图16-6）。栽植沟挖好后，先将作物秸秆回填于沟底，厚度30厘米左右，再将表土、有机肥和化肥混合后进行回填，一般每亩施有机肥2 000千克以上，无机复合肥50千克（图16-7）。最后将生土摊平，灌水沉实（图16-8）。

图16-6　栽植沟

图16-7　回填栽植沟

图16-8　整平浇水沉实栽植沟

2.栽植苗木　核桃的栽植时间有春季和秋季两种，北方核桃以春季栽植为宜。栽植以前，将苗木的伤根、烂根剪除后，将根系放在500～1000毫克/升的ABT生根粉3号溶液中浸泡1小时以上。栽植前还要先按设计的株行距划线定点，然后挖长、宽、深各40厘米的定植穴。把树苗放入定植穴中央、扶正，舒展根系，分层填土，边填边提边踏，根系与土充分接触。培土至与地面相平，栽植深度可略超过原苗木根径5厘米，全面踏实后，打出树盘，充分灌水，待水渗下后，用高40厘米以上的大土墩封好苗木颈部，以防抽保湿保温（图16-9）。

图16-9　栽植苗木

（二）主干树形培养

1.定干　壮苗定干，弱苗不定干而重截，培养1年后再定干，见图16-10、图16-11。

图16-10　壮苗定干

图16-11　弱苗重短截

2.第一年冬剪 中心干留原头，在2/3处短截；主枝拉平，弱枝从饱满芽处短截，强者不短截（图16-12）。

3.第二年冬剪 修剪量要轻，低部位的主枝凡强于中心干者均要去除，始终保持中心干的优势。主枝要拉平，过旺直立枝剪除。主枝延长头弱者从饱满芽处短截，强者长放不剪（图16-13）。

图16-12 第一年冬剪　　　　图16-13 第二年冬剪

4.第三年冬剪 中心干应保持中庸生长，主枝过密的要疏除，直立枝要去掉，不能出现"卡脖"现象；各主枝长势保持平衡，主枝上的新梢不短截，结果后回缩（图16-14）。

5.第四年冬剪 控制树高和长势，防止上部生长过旺。同一方向的重叠主枝要保持50厘米以上的间距，主枝长度保持2米左右，过旺的主枝要及时削弱或去除（图16-15）。

图16-14 第三年冬剪　　　　图16-15 第四年冬剪

四、土肥水管理

（一）深翻扩穴，增施有机肥

深翻扩穴又称放树窝子，在采果后至落叶前进行。根据根系生长情况，逐年向外深翻，扩大定植穴，直至株行间全部翻遍为止。深翻扩穴的深度为80～100厘米，深翻的同时增施有机肥。

（二）适时合理追肥，减肥增效

施足发芽花前肥，以速效氮为主，株施尿素0.5～1千克；重视幼果膨大（6月）肥，株施氮磷钾复合肥1.5～2.5千克；施好硬核（7月）肥，株施氮磷钾复合肥0.5～1千克。

（三）水肥一体化

水肥一体化技术就是通过灌溉系统施肥，核桃在吸收水分的同时也可吸收养分。灌溉同时进行的施肥一般是在压力作用下将肥料溶液注入灌溉输水管道，溶有肥料的水通过灌水器注入根区，果树根系一边吸水，一边吸肥，显著提高了肥料的利用率。目前，以滴灌施肥最普遍，具有显著的节水节肥、省工省时、增产增效作用。

五、整形修剪

（一）主干树形

以主干为中心（图16-16），其上螺旋向上排列8～10个主枝，向四周伸展，下部侧枝略长。干高1～1.5米，邻近主枝距离20～30厘米，主枝基角90°，梢角大于90°；一年生主枝长放，隔年短截；树高4米左右。

图16-16 主干形

（二）整形修剪

中心干保持绝对优势，主枝可随时更新，主枝枝龄经常保持年轻状态（图16-17）。每年应回缩30%左右的主枝（图16-18）。回缩轻重依主枝后部结果枝的强弱而定，使其交替生长、结果。根据树形和群体结构要求，随时对方位、角度不当的各类枝通过修剪调整，使之分布合理（图16-19）。进行定枝修剪时，疏细弱枝、密生枝、直立强旺枝，徒长枝缩剪或疏除，每株留600～900个混合芽。

图16-17　拉枝长放

图16-18　主枝回缩

图16-19　枝条疏除

六、花果管理

（一）人工授粉

核桃属于异花授粉树种，雌、雄花期不一致，且为风媒花，人工授粉可提高坐果率20％以上（图16-20、图16-21）。将保鲜贮藏的雄花序，或将采

图16-20　雄花采粉期

图16-21　雌花授粉期

下的即将散粉的雄花序，挂放于树冠顶部，自然授粉；也可将花粉装入纱布袋中，在树冠上方迎风面轻轻抖撒授粉。

（二）疏雄花

雄花芽开始膨大时，为人工疏雄的最佳时期，可剪去90％的雄花序（图16-22）。也可采用"核桃化学去雄法"，用浓度为1 550 ～ 1 570毫克/千克的甲哌嗡和121 ～ 123毫克/千克的乙烯利混合液于雄花序萌动至伸长期喷雾于雄花序上。

图16-22　疏雄期

七、病虫害防治

病虫害防治见表16-2及图16-23、图16-24。

表16-2　核桃主要病虫害及防治方法

主要病虫害	发生时期	危害症状	防治方法
炭疽病	采收果前10～20天	果实受害后，果皮上出现褐色病斑，病斑圆形或近圆形，中央下陷，病部有黑色小点产生，有时略呈纹状排列。病果上的病斑有一至数十个，可连接成片，果实变黑、腐烂	发芽前，喷3 ～ 5波美度石硫合剂；落花后喷100％农用链霉素可溶性粉剂3 000倍液；5月下旬和6月中旬，各喷1次100％链霉素可湿性粉剂3 000倍液＋70％甲基硫菌灵可湿性粉剂1 000倍液；7月上、中旬喷100％链霉素可湿性粉剂3 000倍液＋80％戊唑醇4 000倍液；8月上旬喷25％咪鲜胺乳油1 000倍液＋70％甲基硫菌灵可湿性粉剂1 000倍液
举肢蛾	5月中旬至6月中旬化蛹，成虫发生期在6月上旬至7月上旬，羽化盛期在6月下旬至7月上旬	幼虫孵化后即在果面爬行，寻找适当部位蛀果。初蛀入果时，孔外出现白色透明胶珠，后变为琥珀色。隧道内充满虫粪。被害果青皮皱缩，逐渐变黑，易早期脱落	5月下旬至6月上旬、中旬，至7月上旬，为两个防治关键期。药剂可选择5％高效氯氰菊酯乳油2 000～3 000倍液，或2.5％溴氰菊酯乳油2 000～3 000 倍液，50％杀螟松乳油1 000～2 000倍液，每隔10天喷1次，连续喷3次

（续）

主要病虫害	发生时期	危害症状	防治方法
云斑天牛	越冬幼虫春季开始活动，老熟化蛹，蛹羽化后从蛀孔飞出，5-6月交配产卵，6月中、下旬为产卵盛期	成虫啃食新枝嫩皮，使新枝枯死，产卵时树皮上有月牙形伤疤；幼虫蛀食皮层和木质部，有黑水流出，蛀孔排出木屑和虫粪	用刀将产卵疤或流黑水的树皮切开，杀死卵和幼虫。清除排粪孔的虫粪后，用棉球蘸50%杀螟松乳剂40倍液塞入虫孔，用泥将其封严，熏杀树干内的幼虫

1   2   3

图16-23　核桃炭疽病症状
1.炭疽病初期　2.病果　3.病叶

1   2

图16-24　云斑天牛
1.天牛幼虫蛀孔　2.成虫

主要参考文献

侯宇,惠军涛,等,2011.核桃黑斑病的发生特点与防治方法 [J] .农技服务,28 (1)：40.

庞永华,张艳红,2011.核桃主要病虫害防治技术 [J] .农技服务 (9)：13,18.

裴东,鲁新政,等,2011.中国核桃种质资源 [M] .北京：中国林业出版社.

曲文文，杨克强，等，2011.山东省核桃主要病害及其综合防治 [J] .植物保护, 37 (2) : 136-140.

宋金东，王渭农，等，2010.核桃举肢蛾药剂防治关键时期及综合测报技术 [J] .北方园艺 (16) : 161-162.

苏国顺，何水柯，2011.核桃高产栽培技术 [J] .河南农业 (8) : 35.

王海平，2011.核桃树栽植及幼园管理技术 [J] .西北园艺 (8) : 15-16.

王玉兰，唐丽，等，2011.核桃树冻害发生原因及冻害预防对策 [J] .北方园艺 (5) : 75-76.

王云霞，王翠香，等，2011.良种核桃丰产栽培技术 [J] .防护林科技 (6) : 116-117.

郗荣庭，张毅萍，1996.中国果树志 : 核桃卷 [M] .北京 : 中国林业出版社 .

张天勇，2012.核桃腐烂病发生规律及防治技术 [J] .陕西林业科技 (3) : 78-79, 82.

张志华，王红霞，等，2009.核桃安全优质高效生产配套技术 [M] .北京中国农业出版社 .